Gert Höfner & Siegfried Süßbier

DAS VERRÜCKTE MATHE-COMIC-BUCH

75 Geschichten - von der Zinsrechnung bis zur Extremwertaufgabe

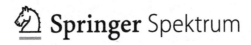

Gert Höfner Weimar,
verantwortlicher Autor für mathematische Texte und Ideen der Bildfolgen
Siegfried Süßbier Berlin,
verantwortlich für die Darstellung der Bildfolgen

ISBN 978-3-8274-2628-4   ISBN 978-3-8274-2629-1 (eBook)   DOI 10.1007/978-3-8274-2629-1

Die Deutsche Nationalbibliothek verzeichnet diese Publikation in der Deutschen Nationalbibliografie;
detaillierte bibliografische Daten sind im Internet über http://dnb.d-nb.de abrufbar.

Springer Spektrum
© Springer-Verlag Berlin Heidelberg 2012

Planung und Lektorat: Dr. Andreas Rüdinger, Bianca Alton
Redaktion: Anna Schleitzer
Zeichnungen: Siegfried Süßbier
Farbe und Layout: Darja Süßbier, Berlin
Einbandabbildung: Siegfried Süßbier, Berlin
Einbandentwurf: wsp design Werbeagentur GmbH, Heidelberg

Gedruckt auf säurefreiem und chlorfrei gebleichtem Papier

Springer Spektrum ist eine Marke von Springer DE. Springer DE ist Teil der Fachverlagsgruppe Springer
Science+Business Media.
www.springer-spektrum.de

INHALT

O.K.!!!

LÜGEN MATHEMATIKLEHRER?

UND DIE MATHEMATIK IN DER GESCHICHT ...*

Es ist nicht zu glauben! Da sagt doch der Mathematiklehrer Leopold: „Ich lüge jetzt, weil alle Mathematiklehrer lügen!" Er sagt nicht, dass der Schulleiter lügt, der ist nämlich Deutschlehrer, er sagt auch nicht, dass der Mathematiklehrer Mehrwald lügt, sondern: Er lügt. Und bekannt ist, dass er Mathematiklehrer ist.

Was hat er da wohl angerichtet?

Mathematiklehrer gelten gewöhnlich und im Allgemeinen als besonders glaubhaft, da sie, wie in keinem anderen Lehrfach üblich, alle Behauptungen beweisen wollen, können und müssen. Und wenn dann der Schüler Frusti behauptet, dass alle Mathematiklehrer lügen, dann ist dem überhaupt keine Bedeutung beizumessen, denn dieser Schüler kann Lehrer nicht und Mathematiklehrer schon gar nicht leiden.

Also folgende Feststellungen:

1. Herr Leopold ist Mathematiklehrer (mengenbildende Eigenschaft – er vertritt an der Schule das Fach Mathematik oder er unterrichtet es).

2. Ein Mathematiklehrer behauptet, dass Mathematiklehrer (selbstverständlich seine Person eingeschlossen, da er die mengenbildenden Eigenschaft der Mathematiklehrermenge besitzt) lügen.

Nun gibt es zwei Möglichkeiten:

a) Nehmen wir an, der Mathematiklehrer Leopold sagt die Wahrheit – demzufolge glauben wir seine Behauptung, dass alle Mathematiklehrer lügen.
Da Herr Leopold aber Mathematiklehrer ist, folgt daraus, dass wir ihm auch glauben müssen, dass Mathematiklehrer lügen, also er selbst auch. Widerspruch zur Annahme!

b) Nehmen wir an, der Mathematiklehrer Leopold lügt. Dann ist seine Behauptung, dass Mathematiklehrer lügen und dass er selbst lügt, nicht richtig. Also sagt er die Wahrheit. Widerspruch zur Annahme!

Beide Fälle führen zum Widerspruch. Aus Wahrheit folgt Lüge und aus Lüge folgt Wahrheit. Was also wollte der Lehrer Leopold sagen? Er wollte deutlich machen, dass nicht zu entscheiden ist, ob er zur Menge der Lügner gehört oder nicht.

In der Unterhaltung, aber vor allem auch in der Mathematik gibt es aber nur zwei Möglichkeiten:

Lüge oder Wahrheit

Doch eine Entscheidung, welche der beiden Möglichkeiten zutreffend ist, kann bei dieser Aussage nicht erfolgen.

Wenn allerdings ein Geschichtslehrer behauptet, dass Mathematiklehrer lügen, dann erfüllt das juristisch den Tatbestand der Verleumdung und kann, falls der Beschuldiger es nicht beweisen kann, strafrechtliche Konsequenzen nach sich ziehen. Leichter sind jedoch die Folgen für Schüler abzuschätzen, die so etwas über ihre Lehrer behaupten. Das ist jedoch ein anderes Kapitel.

Georg Cantor, der deutsche Mathematiker (1845 – 1918), wirkte in Halle an der Saale. Er gilt als der Begründer der Mengenlehre. Einem grundlegenden Bedürfnis der Mathematik folgend, versuchte er den Begriff der Menge zu definieren:

> *„Eine Menge ist eine Zusammenfassung* **bestimmter** *und* **wohlunterschiedener** *Objekte unserer Anschauung oder unseres Denkens, welche Elemente der Menge genannt werden, zu einem Ganzen."*

Wohlunterschieden und bestimmt, so müssen die Elemente einer Menge sein! Wohlunterschieden ist klar – gleiche Elemente, das sind solche, die sich nicht unterscheiden lassen, können nicht mehrfach zur Menge gehören.

Eine Menge kann über eine Aufzählung definiert werden, dies ist bei endlichen Mengen üblich, z.B. A = {2, 3, 5} oder B = {rot, grün, blau}.

Alternativ kann eine Menge über Eigenschaften definiert werden, dies ist bei unendlichen Mengen die einzige Möglichkeit, z.B. die Menge der geraden Zahlen G = {n ist eine natürliche Zahl, die durch zwei teilbar ist}.

Es kommt bei einer Menge grundsätzlich nicht auf die Reihenfolge an: A = {2, 3, 5} = {3, 2, 5}.

Noch ein anderes Beispiel:

In einer Stadt vertreten Personen ihre Angelegenheiten entweder selbst vor Gericht oder lassen sich von einem Rechtsanwalt vertreten. Was passiert nun mit dem Rechtsanwalt?

1. **Annahme** (die ist irgendwie naheliegend): Er vertritt sich selbst. Daraus folgt aber, da er selbst der Rechtsanwalt ist, dass er doch zur Menge der Personen gehört, deren Anliegen von einem Rechtsanwalt vertreten werden. Also folgt aus der ersten Annahme die

2. **Annahme:** Er wird durch einen Rechtsanwalt vertreten. Das ist er aber wieder selbst. Daraus folgt nun wieder die erste Annahme.

Auch in diesem Beispiel geht es endlos hin und her ...

*Begriffe der Mengenlehre

9

Also schreiben wir **keinen** Test?

DER LEHRER HAT ABER GELOGEN – ALSO SCHREIBEN WIR **DOCH** DEN TEST!

Der spinnt, ich will eine „Piece" sprayen!

Zettel raus – Zettel rein! etc ...

Booo....

WAS NUN?

NAAA ... AM BESTEN BEURTEILEN WIR DAS DURCH DIE **MATHEMATIK**

(ERKLÄRUNG, WAS BEHAUPTET WURDE).

ABER:

Wir machen Mathe!

Lügt auch der Schulleiter ???

Ich lüge nie!

DER MATHEMATIKLEHRER FRAGT ZURÜCK:

Ist der Schulleiter Mathematiklehrer?

Er unterrichtet Deutsch und Englisch.

Über ihn wurde doch gar nichts ausgesagt!

Bin ich Mathematiklehrer?

DIE SCHÜLER ANTWORTEN:

Leider, denn jetzt ist laut Stundenplan Mathe.

ANNAHME: AUCH MATHEMATIKLEHRER LÜGEN. DAS BEDEUTET:

Er hat gelogen, dass er gelogen hat!

Er hat die Wahrheit gesagt!!!

DIE WAHRHEIT BEDEUTET ABER?

THEMATISCHE EINORDNUNG

Konkrete Dinge unserer Anschauung und unseres Denkens werden durch eine *mengenbildende* Eigenschaft zu einer Menge zusammengefasst. Eineindeutige Zuordnungen (**eineindeutig** bestimmt durch die mengenbildende Eigenschaft), aber **wohlunterschieden** (das heißt, es besteht ein Unterschied in mindestens einer Eigenschaft). Diese Definition des Begriffs der Menge von **Georg Cantor** (1845 – 1918) reicht vollkommen aus, um zu beschreiben, was eine Menge ist und, was noch wichtiger ist, um mit Mengen als dem Grundbegriff der Mathematik arbeiten zu können. Wichtig ist nur, dass eindeutig entschieden werden kann, wer zur Menge gehört und wer nicht. Das kann durch die Angabe der Elemente oder durch die mengenbildende Eigenschaft erfolgen. Das ist die naive Mengenlehre, die allerdings zu Antinomien führt, wie sie bereits im antiken Griechenland bekannt und in der modernen Zeit von **Bertram Russel** (1872 – 1971) formuliert wurden. Unsere Geschichte zeigt ein Beispiel.

Der Begriff der Menge ist ein Grundbegriff der Mathematik. Alle mathematischen Gebiete haben Grundbegriffe, die nicht weiter hinterfragt werden.

In der (naiven) Mengenlehre sind es Mengen und Elemente; in der Geometrie z.B. Punkte und Geraden. Die Grundbegriffe müssen Axiomen genügen, aus denen Sätze gefolgert werden. Die Grundbegriffe selbst können nicht definiert werden – eine Studentin versuchte einmal „Punkt" zu definieren als „*einen Winkel, dem man die Schenkel ausgerissen hat*".

MILITÄRISCHE ORDNUNG

UND DIE MATHEMATIK IN DER GESCHICHT ...*

Die Menge *T* ist eine Teilmenge oder eine Untermenge von *M*, wenn jedes Element von *T* auch ein Element von *M* ist

$$T \subseteq M \quad \text{gelesen: „} T \text{ ist enthalten in } M \text{".}$$

Nach dieser Definition gibt es nun zwei Möglichkeiten:

1. Zwar gehören alle Elemente von *T* zur Menge von *M*, doch gibt es Elemente von *M*, die nicht zu *T* gehören.

   $T \subset M$ *T ist in dem Fall eine echte Untermenge oder Teilmenge von M.*

2. Alle Elemente von *T* gehören zur Menge *M*, aber es gibt kein Element in *M*, das nicht zu *T* gehört. In diesem Fall sind die beiden Mengen gleich oder identisch.

   $T = M$ *T ist in dem Fall eine unechte Teilmenge (Untermenge) von M oder umgekehrt.*

Die Schüler – so sieht es der Lehrer jedenfalls bevor er die Anwesenheitskontrolle durchführt – die anwesend sind (*A*), bilden eine unechte oder echte Teilmenge der Schüler, die zur Klasse (*K*) gehören: $A \subseteq K$.

Nach der Anwesenheitskontrolle kann entweder

$$A \subset K$$

(mindestens ein Schüler der Klasse fehlt) oder

$$A = K$$

(alle Schüler sind im Klassenzimmer) gesagt werden.

Beispiele:

Die Menge *Z* ist die Menge aller möglichen Noten, die beim Ergebnis der schriftlichen Mathematikprüfung an einer Hochschule erreicht werden können: $Z = \{1, 2, 3, 4, 5\}$

Alle Prüfungsteilnehmer haben die Prüfung bestanden, bedeutet: Es wurde keine ungenügend (5) bewertete Arbeit registriert – die Menge der erreichten Noten ist dann eine echte Teilmenge von *Z*, z.B. „{1, 2, 3, 4}" oder auch „{2, 3, 4}", wenn kein sehr gut (1) vergeben wurde.

*Mengenrelationen

13

BEIM NÄCHSTEN APPELL SIND ALLE WIEDER DA UND WARTEN AUF DEN BEFEHL: GELÄNDEÜBUNG UND BITTE 10 STEAKS UND VOLLE FLASCHEN.

... und kein Brei mehr!

... aber ne' Sonderration, Herr General!

MON DIEU!

Kurs Casino!

EIN REGIMENT BESTEHT AUS EINER GANZEN MENGE VON SOLDATEN/-INNEN UND ENTHÄLT MEHRERE KOMPANIEN (RUND 600 MÄNNER UND FRAUEN). MEHRERE GRUPPEN, GENAU ZEHN SOLDATEN/INNEN PLUS EINE/ER, BILDEN EINEN ZUG.

Meine Gruppe ist angetreten und **vollzählig**! (10 + 1) Ich bleibe aber sooolo ...

THEMATISCHE EINORDNUNG

Ähnlich wie Zahlen kann man auch Mengen zueinander in Beziehung setzen (Relationen) und aus zwei Mengen eine neue bilden (Mengenverknüpfung). Die wichtigste Beziehung zwischen Mengen ist die Gleichheit (zwei Mengen *A* und *B* sind gleich, wenn jedes Element, das in *A* vorkommt, auch in *B* vorkommt und umgekehrt) und die Teilmengenrelation

(eine Menge *A* ist eine Teilmenge von *B*, wenn jedes Element von *A* auch in *B* vorkommt, aber nicht notwendigerweise umgekehrt).

Beispiele für Mengenverknüpfungen sind

1. Differenzmenge *C* der Mengen *A* und *B* – enthält alle Elemente von *A*, die nicht zu *B* gehören (etwa ausgedrückt oder gemerkt durch „Elemente von *A* ohne die von *B*").

Schreibweise: $C = A \setminus B$
$\{2,3,5\} \setminus \{3\} = \{2,5\}$

2. Produktmenge *C* der Mengen *A* und *B* – enthält alle geordneten Paare (x;y), wobei x Elemente von *A* und y Element von *B* ist.
Schreibweise: $C = A \times B$

Besonders wichtige Verknüpfungen sind Vereinigung und Schnitt von Mengen (siehe nächste Geschichte).

UND DIE MATHEMATIK IN DER GESCHICHT ...*

Mengen werden durch die Angabe einer mengenbildenden Eigenschaft oder durch die explizite Angabe ihrer Elemente festgelegt.

Spezielle Mengen sind:

1. Die leere Menge – die mengenbildende Eigenschaft trifft auf kein Element zu (die Eigenschaft verlangt einfach etwas, was nicht zu erfüllen ist – eine Maschine, die ohne Zuführung von Energie arbeitet, Perpetuum mobile).

2. Die endliche Menge – die mengenbildende Eigenschaft trifft nur auf endlich viele Elemente zu.

3. Die unendliche Menge – die mengenbildende Eigenschaft trifft auf unendlich viele Elemente zu.

Wichtige Verknüpfungen sind Vereinigung und Schnitt von Mengen.

4. Die Vereinigungsmenge C der Mengen A und B enthält alle die Elemente, die zu A, zu B oder zu beiden Mengen gehören.
   Beispiel: $\{1,2,3\} \cup \{2,3,4\} = \{1,2,3,4\}$

5. Die Durchschnittsmenge C der Mengen A und B enthält alle die Elemente, die sowohl zu A als auch zu B gehören.
   Beispiel: $\{1,2,3\} \cap \{2,3,4\} = \{2,3\}$

Durch diese beiden Regeln wird beschrieben, wie aus zwei Menge neue gebild

MENSCHEN VERSTEHEN SICH GUT, UND SIE WOLLEN EINEN TURM BAUEN, DER BIS IN DEN HIMMEL GEHT. UM ES ALLEN ZU ZEIGEN, AUCH DEN GÖTTERN! „GRÖSSENWAHN" WAS SONST.

Höher, noch höher, hört ihr!

Wollt ihr Euch zu (den) Göttern erheben?

5. DA FUHR DER HERR HERNIEDER, DASS ER SÄHE DIE STADT UND DEN THURM, DIE DIE MENSCHENKINDER BAUETEN.* C. 18,21
7. WOHL, LASSET UNS HERNIEDER FAHREN, UND IHRE SPRACHE DASELBST VERWIRREN, DASS KEINER DES ANDEREN SPRACHE VERNEHME!!!

Hier stimmt was nicht!

... schneller, höher ...

Ich haue lieber ab!

Look for trouble!

Höher verstehen alle.

!!!

?

DIE MARSMENSCHEN GREIFEN ZU EINEM IM WELTALL GÜLTIGEN MATHEMATISCHEN GESETZ, NACHDEM SIE ÜBERLEGT HABEN, WIE SIE SICH NOCH AUSDRÜCKEN KÖNNEN.

Die verstehen uns nicht!

$$AK^2 + GK^2 = HY^2$$

γ: rechter Winkel

AK

GK

HY

MAN EINIGT SICH AUF DIE BEZEICHNUNG HYPOTENUSE UND KATHETEN, ABER NUR FÜR DAS RECHTWINKLIGE DREIECK.

?

Bei uns in der Schule heißt das: $a^2+b^2=c^2$

Wichtig ist der rechte Winkel gegenüber von c!

MATHEMATIK IST EINE SPRACHE, DIE MAN ÜBERALL UND SOGAR IM WELTRAUM VERSTEHT.

THEMATISCHE EINORDNUNG

Viele Sprachen haben zwar das gleiche Alphabet aber natürlich unterschiedliche Worte, jedoch i. Allg. identische mathematische Symbole. Die Mathematik ist die Sprache, die auch ohne Worte verstanden wird, also gewissermaßen die Schnittmenge aller Sprachen.

DAS PRINZIP DER EINBAHNSTRASSE

UND DIE MATHEMATIK IN DER GESCHICHT ...*

Eine Zusammenfügung von Wörtern, Zahlen, Symbolen, ... zu einer Einheit ist ein Satz. Danach können Sätze als Elemente der Sprache unter anderem Behauptungen, Fragen, Befehle sein. In der Mathematik sind Aussagen (Sätze) immer Feststellungen, die nach dem **Satz der Zweiwertigkeit** (Satz vom ausgeschlossenen Dritten) entweder den Wahrheitswert wahr (W) oder falsch (F) haben. *In einem Spiegel ist die Abbildung seitenverkehrt* – eine verbale Feststellung der objektiven Realität, die sicher wahr ist.

Beispiele:

Der Schüler Hans ist bienenfleißig – eine symbolische Widerspiegelung der Realität, die wahr oder falsch sein kann. *Eine Zahl, die durch sechs teilbar ist, muss durch zwei teilbar sein*. Diese Aussage ist wahr!

Es gibt aber auch Zahlen, die durch zwei, aber nicht durch sechs teilbar sind. Da kann beispielsweise die Zahl vier oder zehn angegeben werden. Die Teilbarkeit durch sechs setzt die Teilbarkeit durch zwei voraus; die Teilbarkeit durch zwei ist aber nicht ausreichend. Es ist eine **notwendige Bedingung** für die Teilbarkeit durch sechs, dass die Zahl auch durch zwei teilbar ist.

Eine Zahl, die durch zehn teilbar ist, kann auch durch fünf geteilt werden. Es gibt aber keine durch zehn teilbare Zahl, die nicht durch fünf teilbar ist – zehn ist zwei mal fünf! –,

doch es gibt Zahlen, die zwar durch fünf, aber nicht durch zehn zu teilen sind (15;25;35;...).

Teilbarkeit durch zehn ist eine ausreichende, der Mathematiker sagt dazu eine **hinreichende Bedingung**, für die Teilbarkeit durch fünf. Schließlich gibt es auch Bedingungen, die sowohl notwendig als auch hinreichend sind. Eine durch sechs teilbare Zahl ist auch durch zwei **und** durch drei teilbar. **Das ist äquivalent zur Aussage:** Eine durch zwei und drei teilbare Zahl ist durch sechs teilbar.

Die Kongruenz zwischen zwei Flächen ist eine hinreichende Bedingung für die Ähnlichkeit der Flächen (Streckungsfaktor $k=1$), denn wenn Figuren kongruent (deckungsgleich) sind, dann sind sie auch ähnlich.

Die Ähnlichkeit ist eine notwendige Bedingung für die Kongruenz, denn Figuren, die nicht einmal ähnlich sind, können nicht kongruent sein.

Dafür, dass ein Dreieck gleichseitig ist, muss es notwendigerweise gleichschenklig sein.

Dass ein Dreieck gleichseitig ist, ist also ein hinreichende Bedingung für die Gleichschenkligkeit.

Sind alle Winkel in einem Dreieck gleich (60°), dann ist das notwendig und hinreichend für Gleichseitigkeit – genau dann, wenn alle Winkel im Dreieck gleich sind, ist es ein gleichseitiges Dreieck (äquivalente Aussagen).

JEDEN MORGEN FÄHRT EIN IN DER GANZEN WELT ANERKANNTER ARCHITEKTURPROFESSOR MIT SEINEM BIKE AUS DEN 50er JAHREN ZUR BAUAKADEMIE.

Oh Gott, der Alte.

Jeden Morgen dasselbe, diese verdammten Falschparker lernen es doch nie!

Immer schön aufpassen, hören Sie !!!

19

20

THEMATISCHE EINORDNUNG

Herr Meier, schließen Sie die Tür!
Es ist mir hier zu kalt.
Haben Sie ein Problem?

Das sind drei Sätze – von der Grammatik (Syntax) her gibt es sicher keine Einwände. In der Mathematik geht es um Aussagen, das sind Sätze, die entweder wahr oder falsch sind. Dabei ist es völlig gleichgültig, ob zwischen wahr und falsch sofort, später oder gar nicht entschieden werden kann. Im zweiten Satz ist die Aussage für

einen leicht fröstelnden Menschen sicher wahr, doch muss das keinesfalls so sein, denn eben dieser Herr Meier empfindet die Kälte nicht so stark – sonst würde er doch die Türe von ganz alleine schließen und die Aufforderung beziehungsweise auch die Nachfrage wäre überflüssig.

Also – bei den drei angegebenen Sätzen handelt es sich um zwar grammatikalisch richtige Formulierungen, allerdings stellen sie keine mathematischen Sätze (Aussagen im mathematischen Sinne) dar, denn sie enthalten nichts, was es

ermöglichen könnte, ihnen einen Wahrheitswert oder mathematischen Sinn zuzuordnen (wahr oder falsch).

Richtige mathematische Sätze:
„Ein Dreieck der Ebene wird durch drei Punkte festgeschrieben, wenn sie nicht auf einer gemeinsamen Gerade liegen".
„Die Gleichung $x^n + y^n = z^n$ besitzt für $n \geq 3$ keine Lösungen, wenn x; y; z natürliche Zahlen sein sollen (Vermutung des **Pierre de Fermat** 1601 - 1665)". Diese Vermutung wurde 1994 von **Andrew Wiles** mit tiefliegenden Methoden bewiesen.

GLAUBEN ODER BEWEISEN – DAS IST HIER DIE FRAGE!

UND DIE MATHEMATIK IN DER GESCHICHT ...*

Die Mathematik ist aus praktischen Bedürfnissen der Menschen entstanden und wurde zunächst als eine Naturwissenschaft betrachtet. Doch zu oft waren die Erkenntnisse nicht allgemein genug, nicht vollständig, so dass es zu Widersprüchen in der Anwendung kam.

Bereits **Euklid** formulierte (um 300 v. Chr.) Axiome für die Geometrie, nach denen entschieden werden kann, welche Aussagen angenommen oder als falsch verworfen werden müssen. Dieser deduktive Aufbau der Mathematik sichert, dass Widersprüche zwischen Feststellungen ausgeschlossen sind. Eine absolute Wahrheit gibt es aber auch in der Mathematik nicht – mathematische Aussagen sind immer nur wahr oder falsch in Bezug auf das allgemein anerkannte Axiomsystem (siehe Satz vom ausgeschlossenen Dritten – eine Behauptung ist entweder wahr oder falsch, unabhängig davon, ob der Wahrheitswert festgestellt werden kann oder nicht).

Wo es um Glauben und Ideologien geht, da ist kaum Platz für ein deduktives Vorgehen – das schließt sich aus, so wie es ein altgriechischer Philosoph auch für heute noch gültig bemerkte:
„Was ich glaube, das brauche ich nicht zu beweisen!"

Auch bei den Lernenden ist festzustellen, dass mathematische Behauptungen schneller geglaubt als Beweise verstanden werden. Deswegen geht der Weg in der Schule auch immer mehr in Richtung einer „beweisfreien" Mathematik.

Beweise sind streng von Plausibilitätsbetrachtungen zu unterscheiden, die induktiv, das heißt durch die Verallgemeinerung von Betrachtungen, gefunden werden. Dabei werden Einzelaussagen verallgemeinert. Plausibilitätsbetrachtungen und Verallgemeinerungen durch Schlüsse sind nicht immer richtig.

Wenn ein Biologe tausend Kleepflanzen mit drei Blättern findet, dann soll er zwar Pech bei diesem Versuch gehabt haben, aber nach einem Sprichwort sein Glück in der Liebe finden. Der Biologe kann jedoch aus diesem sicher zeitraubenden Experiment nicht schließen, dass es nur Kleepflanzen mit drei Blättern gibt.

Unbestritten ist es recht unwahrscheinlich, im Lotto die sechs Zahlen und dann auch noch die Zusatzzahl vorherzusagen. Es ist aber auch vielfach bewiesen worden, dass die Aussage: *„Es ist unmöglich, sechs Zahlen mit Superzahl vorherzusagen"* falsch ist. Wäre dem nämlich so, dann wäre die Menge der wöchentlichen Lottospieler eine leere Menge und die Hoffnung auf den Hauptgewinn gestorben.

SOKRATES BETÄTIGT SICH VOR DER ANTIKEN AKROPOLIS ALS FREMDENFÜHRER.

Dieser Bau hier ist das Werk von Menschen!

Da fordern wir aber einen schlagkräftigen Beweis!

Na, dass das so ist, bezweifle ich aber stark.

Was man glaubt, muss man nicht beweisen!

Ja, ja ... wer was glaubt ist selig.

Vorsicht, Vorsicht ...

*mathematische Beweise

23

24

THEMATISCHE EINORDNUNG

In der Wissenschaft wird deduktiv geschlossen. Ein allgemeines Gesetz wird auf einen Sonderfall (Einzelfall) innerhalb eines Geltungsbereiches (in der Mathematik Definitionsbereich genannt) angewandt.

Ob ein Angeklagter allerdings in den Geltungsbereich des entsprechenden Gesetzes fällt, ist durch das Gericht erst nachzuweisen. Dabei ist stets von dem zu beweisenden Sachverhalt aus-zugehen, denn ist die Voraussetzung falsch (die Voraussetzung für den Beweis einer Behauptung), dann kann die Folgerung, eben der zu beweisen-de Sachverhalt, richtig oder falsch sein – der Beweis ist immer richtig (Aus etwas Falschem folgt Beliebiges, siehe nächste Geschichte).

Aus Vermutungen, auch wenn sie noch so überzeugend klingen, aber nicht bewiesen werden können, auch wenn es noch so viele sind, lässt sich kein Schuldspruch ableiten, keine mathe-matische Behauptung beweisen. Noch so viele Experimente mit einem gewollten Ausgang in der Physik beweisen kein physikalisches Gesetz, noch so viele Zustimmungen in einer Meinungsumfrage zu einer Maßnahme schließen nicht aus, dass diese Maß-nahme falsch ist – falsch im Sinne von allgemein als richtig anerkannten Nor-men des Zusammenlebens in einer Gesellschaft.

AUS FALSCHEM FOLGT BELIEBIGES

UND DIE MATHEMATIK IN DER GESCHICHT ...*

„Kläre zunächst einmal mit deinem Gesprächspartner die Voraussetzungen, bevor Behauptungen aufgestellt oder Schlussfolgerungen gezogen werden, denn sonst hat am Ende jeder recht!"

Ein Redner behauptet, dass die Geburtenzahlen in einer Stadt zugenommen haben, weil es den Menschen wirtschaftlich besser geht. An einer anderen Stelle seines Vortrages stellt er jedoch auch fest, dass Schulen geschlossen werden, weil die Zahl der Kinder ständig abnimmt.

Ein Zuhörer bemerkt, das sich das doch widerspricht. Darauf der Redner: „Da haben Sie auch recht!"

Eine Implikation ordnet den Aussagen A_1 und A_2 die Aussage **„Wenn A_1 ...., dann A_2 ..."** zu.

Symbol: $\quad A_1 \rightarrow A_2$

Bezeichnungen: $\quad A_1$ ist Voraussetzung.
$\qquad\qquad\qquad A_2$ ist Folgerung.

Die Wahrheitswerttabelle (Boole'sche Funktion) der Implikation:

A_1	A_2	$A_1 \rightarrow A_2$
W	W	W
W	F	F
F	W	W
F	F	W

Aus einer falschen Voraussetzung kann gefolgert werden, was immer man will – die Implikation ist immer richtig, was ungeheure Möglichkeiten für einen geschickten Rhetoriker bietet. *„Wenn die Sonne im Westen aufgeht, dann gibt es einen Lottogewinn"* ist genauso richtig geschlossen, wie das Gegenteil: *„Wenn die Sonne im Westen aufgeht, dann gibt es keinen Lottogewinn."*

Ist eine Implikation richtig, dann kann die Voraussetzung und die Folgerung nicht einfach vertauscht werden, wenn wieder eine richtige Aussage entstehen soll.

So ist zwar $A_1 \rightarrow A_2$ richtig, wenn A_1 falsch, aber A_2 richtig ist (der Schluss aus Falschem ist immer richtig!), jedoch aus $A_1 \rightarrow A_2$ folgen zu lassen, wäre falsch, denn hier würde aus dem richtigen A_2 etwas Falsches (A_1) geschlossen.

Voraussetzung A: Ich gehe mit Waren aus dem Supermarkt.
Folgerung B: Ich muss bezahlen.

Behauptung	Folgerung	
Ich gehe mit Waren aus dem Supermarkt.	Ich muss bezahlen.	Wahr
Ich gehe mit Waren aus dem Supermarkt.	Ich muss nicht bezahlen.	Falsch
Ich gehe nicht mit Waren aus dem Supermarkt.	Ich muss bezahlen.	Wahr
Ich gehe nicht mit Waren aus dem Supermarkt.	Ich muss nicht bezahlen.	Wahr

*Implikationen

THEMATISCHE EINORDNUNG

Die Implikation ist eine zweistellige logische Operation. Die bevorzugte Ausdrucksweise der Wissenschaft ist diese logische Operation, durch die zwei Aussagen, die den Wahrheitswert WAHR (W) oder FALSCH (F) haben können (vier Möglichkeiten bei der Verbindung), eine neue Aussage zugeordnet wird (Implikation). Aus einer genau abgesprochenen oder vereinbarten (definierten) Voraussetzung (Prämisse) wird ein wissenschaftlich einwandfreier Schluss (Konklusion) gezogen.

Diese Operation mit Aussagen ist nicht kommutativ – Voraussetzung und Folgerung können im Allgemeinen nicht vertauscht werden.

Der Schluss aus einer richtigen Voraussetzung ist richtig, wenn die Folgerung richtig ist. Der Schluss aus einer richtigen Voraussetzung zu einer falschen Folgerung ist logischerweise falsch.

Aus einer falschen Voraussetzung kann eine richtige, aber auch eine falsche Folgerung gezogen werden – der Schluss ist erstaunlicherweise immer richtig.

„Wenn alle Menschen den Frieden wollen, dann wird Frieden sein."

DAS SYSTEM DES KETTENBRIEFS

UND DIE MATHEMATIK IN DER GESCHICHT ...*

As I was going to Saint Ives,
met a man with seven wives,
Every wife had seven sacks,
Every sack had seven cats;
Every cat had seven kits;
Kits, cats, sacks and wives,
How many were there going to Saint Ives?

Das ist die moderne Form einer Aufgabe aus dem alt-ägyptischen Papyrus Rhind (entstanden um 1800 v. Chr.). Die Aufgabe tauchte in der Folgezeit bis zum heutigen Tag immer wieder in unterschiedlichen Darstellungen auf und galt im Mittelalter noch als der Gipfel, den man in der Mathematik erreichen konnte.

In einem Dorf gibt es sieben Häuser,
in jedem Haus leben sieben Katzen,
jede Katze frisst sieben Mäuse,
jede Maus frisst sieben Ähren Dinkel(eine Urform des
Getreides), von jeder Ähre könnte man im nächsten Jahr
sieben Scheffel (ein Hohlmaß von 8,05 Litern) ernten.

7	$= 7$ sind	7	Häuser.
$7 \cdot 7$	$= 7^2$ sind	49	Katzen.
$7 \cdot 7 \cdot 7$	$= 7^3$ sind	343	Mäuse.
$7 \cdot 7 \cdot 7 \cdot 7$	$= 7^4$ sind	2401	Ähren Dinkel.
$7 \cdot 7 \cdot 7 \cdot 7 \cdot 7$	$= 7^5$ sind	16807	Scheffel Dinkel Verlust.

Werden gleiche Zahlen addiert, so kann diese spezielle Addition als Multiplikation ausgeführt werden. Der eine Faktor ist die Zahl und der andere die Anzahl der Summanden. Aus der Addition (Rechenoperation der ersten Stufe) wird eine Multiplikation (einer Zahl mit einer natürlichen Zahl, die die Anzahl der Summanden angibt) – eine Rechenoperation der zweiten Stufe.

Werden gleiche Zahlen multipliziert, so kann diese spezielle Multiplikation als Potenzrechnung ausgeführt werden. Die Basis ist der gleiche Faktor und der Exponent ergibt sich aus der Anzahl der Faktoren.

Aus der Multiplikation (Rechenoperation der zweiten Stufe) wird eine Potenzaufgabe (mit natürlichen Zahlen im Exponenten – Anzahl der Faktoren) – eine Rechenoperation der dritten Stufe.

$$a + a + ... + a = n \cdot a \text{ (Multiplikation)}$$
n Summanden
$$a \cdot a \cdot ... \cdot a = a^n \quad \text{(Potenzieren)}$$
n Faktoren

Beispiel:
$$10^0 = 1 \text{ (Einer)}$$
$$10^1 = 10 \text{ (Zehner)}$$
$$10^2 = 100 \text{ (Hunderter)}$$
$$10^3 = 1000 \text{ (Tausender)}$$
$$10^4 = 10000 \text{ (Zehntausender) ...}$$

IM HÖRSAAL DER UNI ZU JENA HÄLT DER MAGISTER DES LEHRSTUHLS FÜR MATHEMATIK SEINE VORLESUNG ZUM THEMA **LOGARITHMEN**. GANZ IM SINNE DES BERÜHMTEN PROF. STIFEL.

Wie kann man an den Exponenten einer Potenz kommen?

Logarithmen

Mit der Leiter aus Ihrem Haus, die dort zum Dachraum führt.

Wer ist Prof. Stifel?

?

Na, mit einer Leiter, Herr Professor!

Die Lösung ist doch cool eh !

Nehmen Sie die Sache doch bitte ernst. Also die Frage ist ...

Ach ... am liebsten möchte ich gar keine Vorlesungen mehr halten.

DOCH DA HAT DER MAGISTER PLÖTZLICH EINE WUNDERSAME **VISION** !!!

Da steht die Leiter auf dem Flur und ich steig auf den Dachboden, um mich astronomischen Studien zu widmen.

ER FÜHLT SICH, WEIL GANZ OBEN IM HAUS, WIE EIN EXPONENT ...

Ohhh... da sehe ich meine Muse...

... und da, ich kann es nicht fassen ...

... Saturn hat seine weit von der Sonne liegende Umlaufbahn verlassen und sticht mit seiner Sichel !

Der griechische Mathematiker **Diophant** (um 250 n. Chr.) hat die spezielle Potenz a^2 (Quadratzahl) mit dem Wort dynamis (= Kraft) bezeichnet.

Raffaele Bombelli (1526 – 1572) hat das italienische Wort *potentia* (Potenz) verwendet.

Leonard Euler (1707 – 1783) versuchte 1770 für Potenz das Wort Macht einzuführen, was sich jedoch nicht durchsetzen konnte. Die Bezeichnung **Basis** kommt aus dem griechischen und bedeutet Grundlage oder Fundament. Die Bezeichnung **Exponent** wurde erst 1544 von dem an der Universität Jena wirkenden Mathematikprofessor **Michael Stifel** (1487? – 1567 Schreibweisen für seinen Namen: „Stifel" oder auch „Stiefl") eingeführt, der auch den Tag des Weltunterganges bestimmte, was dann in der Redewendung *„einen Stifel rechnen"* umgangssprachlich für falsches Rechnen steht. Denn als der Weltuntergang nicht eintrat, zogen allabends seine Studenten vor sein Privathaus und sangen das „ihm zu Ehren" verfasste Lied:

„Stifel, Stifel, du musst sterben, bist ja noch so jung ..."

Die allgemein bekannte Schreibweise einer Potenz a^n (Schreibweise auf dem Computer beispielsweise $a \uparrow n$ oder $a \wedge n$) ist erst bei dem englischen Physiker **Isaac Newton** (1643 – 1727) zu finden.

UNENDLICH OFT AUF EINMAL BEWIESEN

UND DIE MATHEMATIK IN DER GESCHICHT ...*

Mit dem Verfahren der **vollständigen Induktion** kann bewiesen werden, dass eine Aussage für alle natürlichen Zahlen gilt. Das Prinzip der vollständigen Induktion lässt sich an einer Reihe von auf die schmale Seite gestellten Dominosteinen plausibel machen.

Wird ein Stein in der Reihe nach rechts umgestoßen, so fallen alle weiter rechts stehenden Steine der Reihe nach um – sie haben also die gleiche Eigenschaft wie der zuerst umgestoßene Stein.

Nun wurden mit einem enormen Schaueffekt viele Dominosteine (n) aufgestellt und das Umfallen der Steine demonstriert – der Vergleich hat aber immer einen Haken, der nie beseitigt werden kann: Es fallen immer nur endlich viele Steine um, natürliche Zahlen gibt es aber unendlich viele!

Mathematische Modelle sind hier, wie so oft, viel umfassender als die Gegebenheiten des alltäglichen Lebens:

Das Prinzip der vollständigen Induktion:

1. **Induktionsanfang:** Die Behauptung wird für einen ersten Zahlenwert nachgewiesen (z.B. $n = 0$ oder $n = 1$).

2. **Induktionsannahme:** Die Behauptung, so wird vorausgesetzt, gilt für ein festes, aber beliebiges $n = k$.

3. **Induktionsbehauptung:** Die Behauptung gilt dann auch für den Nachfolger von k, also für $k + 1$.

4. **Induktionsbeweis:** Die Induktionsbehauptung wird deduktiv bewiesen. Dabei wird die Induktionsannahme verwendet.

5. **Induktionsschluss:** Die Aussage gilt für alle natürlichen Zahlen n.

Beispiel: Die Summe von n Quadratzahlen berechnet sich aus dem Quotienten $\displaystyle\sum_{i=1}^{n} i^2 = \frac{n \cdot (n+1)(2n+1)}{6}$

1. Induktionsanfang: Für $n = 1$ gilt $1^2 = \dfrac{1 \cdot 2 \cdot 3}{6} = 1$

2. Induktionsannahme: Für $n = k$ (k fest aber beliebig) gilt
$$1^2 + 2^2 + ... + (k-1)^2 + k^2 = \frac{k \cdot (k+1)(2k+1)}{6}$$

3. Induktionsbehauptung: Es gilt für $n = k+1$
$$1^2 + 2^2 + ... + (k-1)^2 + k^2 + (k+1)^2 = \frac{(k+1)(k+2)(2k+3)}{6}$$

4. Induktionsbeweis:
$$1^2 + 2^2 + ... + (k-1)^2 + k^2 + (k+1)^2 = \frac{k(k+1)(2k+1)}{6} + (k+1)^2$$
$$= \frac{k \cdot (k+1)(2k+1)}{6} + \frac{6(k+1)^2}{6} = \frac{(k+1)(k+2)(2k+3)}{6}$$

5. Induktionsschluss:
Die Behauptung gilt für alle natürlichen Zahlen.

DAS UNTERTEIL EINER NEUEN SCHRANKWAND WURDE SOEBEN GELIEFERT UND WIRD SOFORT AUFGESTELLT.

AAAAAAHHHH...

PLÜPPP

Zunächst stellen wir das Teil vor's Fenster. Jaaa?

Shit! Jetzt geht leider das Fenster nicht auf!

*vollständige Induktion

34

THEMATISCHE EINORDNUNG

Guiseppe Peano (1858 – 1932) hat bereits 1891 gezeigt, dass fünf Axiome, die nach ihm benannt wurden, die natürlichen Zahlen vollständig beschreiben.

Axiomsystem von Peano:

1. Null (0) ist eine Zahl.
2. Jede Zahl hat genau einen Nachfolger.
3. Null ist nicht Nachfolger ein Zahl.
4. Jede Zahl ist höchstens Nachfolger einer Zahl.
5. Von allen Mengen, welche die Zahl Null und mit der Zahl n auch deren Nachfolger $n+1$ (oder n') enthalten, ist die Menge der natürlichen Zahlen die kleinste.

Da jede natürliche Zahl einen sogar eindeutig bestimmten Nachfolger hat, gibt es unendlich viele natürliche Zahlen.

Das Beweisverfahren der vollständigen Induktion, welches ausschließlich zum Beweis von Aussagen über natürliche Zahlen benutzt wird, gründet sich auf das System von Peano.

Wenn die Aussage für einen Anfangswert (z.B. $n = 0$ oder $n = 1$) gilt und wenn geschlossen werden kann, dass, falls sie für $n = k$ gilt, auch für $n = k + 1$ gilt, so gilt die Aussage für alle natürlichen Zahlen größer als der Anfangswert.

JEDE ZAHL HAT EIN VORZEICHEN

UND DIE MATHEMATIK IN DER GESCHICHT ...*

In der Mathematik wird der absolute Betrag einer Zahl wie folgt definiert.

Definition:

Der absolute Betrag einer Zahl ist gleich der Zahl selbst, wenn sie positiv ist und gleich ihrem negativen Wert, wenn die Zahl negativ ist (**Vorzeichenwechsel!**).

$$|a| = \begin{cases} a, \text{ wenn } a \geq 0 \\ -a, \text{ wenn } a < 0 \end{cases}$$

gelesen: „Betrag von a".

Somit ist der absoluten Betrag einer Zahl eine Funktion.

Die Definition „*der absolute Betrag ist eine vorzeichenlose Zahl*" ist falsch, da es Zahlen ohne Vorzeichen nicht gibt.

Der absolute Betrag einer Zahl kann auf der Zahlengeraden als der Abstand vom Ursprung (Nullpunkt; null) veranschaulicht werden.

Beispiele:

1. $|4| = 4,$ da $4 > 0$ (erste Zeile der Definition)
2. $|-3| = -(-3) = 3$ da $-3 < 0$ (zweite Zeile der Definition)
3. $|0| = 0,$ da $0 = 0$ (erste Zeile der Definition)

Aufgaben und Lösungen:

1. Welchen Wert hat $|3x - 2y| + 3$ für $x = 7$ und $y = -9$?
   $|21 + 18| + 3 = 39 + 3 = 42$

2. Die Tabelle ist zu ergänzen, ausgehend von den schwarzen Zahlen.

x	2	3	-3; +3	+1; -1
$-x$	-2	-3	+3; -3	-1; +1
$\|x\|$	2	3	3	1
$-\|x\|$	-2	-3	-3	-1

3. Was ergibt $|9 - x^2| + (x - 3)^2$ für $-3 \leq x \leq 3$?
   $9 - x^2 \geq 0$ für $-3 \leq x \leq 3$
   also $9 - x^2 + x^2 - 6x + 9 = -6x + 18 = 6(3 - x)$

4. Was ergibt $|x - 3y| + 4(3x - y) + |-x + y|$ für
   $x = 2$ und $y = -3$?
   $|2 + 9| + 4(6 + 3) + |-2 + (-3)| = |11| + 36 + |-5| = 11 + 36 + 5 = 52$

Eine wichtige Beziehung mit Beträgen ist die Tatsache, dass der Betrag einer Summe niemals größer sein kann als die Summe der Beträge, bezeichnet als die **Dreiecksungleichung** – in der Geometrie gilt ein analoger Satz: „im Dreieck ist eine Seite stets kleiner als die Summe der beiden anderen Seiten."

$$|x + y| \leq |x| + |y|$$

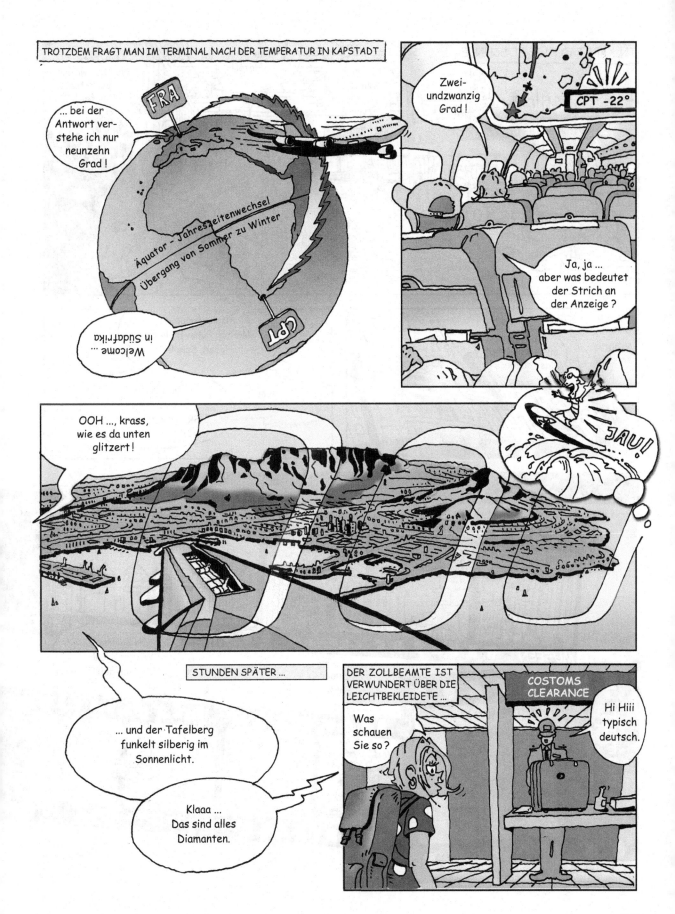

THEMATISCHE EINORDNUNG

Nach dem Permanenzprinzip wird die Menge der natürlichen Zahlen

$$N = \{0;1;2;3;...\}$$

so zur Menge der ganzen Zahlen

$$Z = \{...;-3;-2;-1;0;1;2;3;...\}$$

erweitert, dass alle Gesetze, die in der kleineren Menge gelten, auch im erweiterten Zahlenbereich gültig sind. Axiome von Peano:

1. Null ist natürlich auch in der erweiterten Menge enthalten.

2. Jede ganze Zahl hat einen Nachfolger.

3. Jede ganze Zahl ist Nachfolger einer ganzen Zahl (Einschränkung der natürlichen Zahlen auf Null aufgehoben – damit wird die Subtraktion immer ausführbar).

4. Jede ganze Zahl ist höchstens Nachfolger einer ganzen Zahl.

5. entfällt – Z ist nun nicht mehr die geringste Menge, die mit der Zahl Null und mit der Zahl g auch deren Nachfolger $n+1$ enthält (das ist die Menge der natürlichen Zahlen).

Addition, Subtraktion und Multiplikation mit ganzen Zahlen ist immer ausführbar – die Operationen ergeben immer eine ganze Zahl.

Die Division ist im Bereich der ganzen Zahlen nicht ohne Einschränkung durchzuführen.

SUBTRAKTION IST ADDITION EINER NEGATIVEN ZAHL

UND DIE MATHEMATIK IN DER GESCHICHT ...*

Regeln zum Rechnen mit ganzen Zahlen:

1. $(+a) + (+b) = a + b$
Beispiel: $3 + 8 = 11$

2. $(-a) + (-b) = -a - b$
Beispiel: $(-3) + (-4) = -7$

3. $(-a) + (+b) = -a + b$
Beispiel: $-3 + 4 = 1$

4. $(+a) + (-b) = a - b$
Beispiel: $4 + (-7) = -3$

5. $(+a) - (+b) = a - b$
Beispiel: $5 - 6 = -1$

6. $(+a) - (-b) = a + b$
Beispiel: $3 - (-2) = 3 + 2 = 5$

7. $(-a) - (+b) = -a - b$
Beispiel: $(-3) - (+3) = -6$

8. $(-a) - (-b) = -a + b$
Beispiel: $(-3) - (-5) = 2$

9. $(+a) \cdot (+b) = ab$
Beispiel: $(+2) \cdot (+3) = 6$

10. $(+a) \cdot (-b) = -ab$
Beispiel: $(+4) \cdot (-5) = -20$

11. $(-a) \cdot (+b) = -ab$
Beispiel: $(-4) \cdot (+3) = -12$

12. $(-a) \cdot (-b) = ab$
Beispiel: $(-2) \cdot (-5) = 10$

Produkte sind positiv, wenn beide Faktoren das gleiche Vorzeichen haben. Vorausgesetzt, dass der Dividend ein ganzzahliges Vielfaches des Divisors ist, kann auch die Division in den ganzen Zahlen ausgeführt werden.
Das Vorzeichen ergibt sich hierbei in Analogie zu 9. bis 12.

13. $(+a) : (+b) = a:b$
Beispiel: $(+8) : (+4) = 2$

14. $(+a) : (-b) = -(a:b)$
Beispiel: $(+15) : (-3) = -5$

15. $(-a) : (+b) = -(a:b)$
Beispiel: $(-12) : (+4) = -3$

16. $(-a) : (-b) = a:b$
Beispiel: $(-18) : (-6) = 3$

EIN JUNGE HAT FÜR'S ZEITUNGSAUS-TRAGEN 68 EURO AUSGEZAHLT BEKOMMEN. WAS SOLL ER DAMIT ANFANGEN? EIN iPAD FÜR 344 EURO WÄRE SEIN ZIEL.

HMMM ... Da wären die 68 €, als Plus und das Geld von 344 €, ein Betrag, den ich aber vom Guthaben abziehen kann.
68 € – 344 € = –276 €

... und für zwei Apps kommen noch 24 € dazu.

Sooo ... Die muss ich zum negativen Betrag von 276 € noch addieren!
(–276 €) + (–24 €) = –300 €!

Diese Kosten muss ich ja wohl negativ ansetzen. Damit fehlen mir gut 300 €!

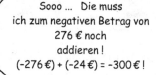

... DOCH DEN iPAD WILL ER UNBEDINGT!

THEMATISCHE EINORDNUNG

Jede natürliche Zahl erhält eine entgegengesetzte Zahl zugeordnet – jede, außer der Null.

Zahl a → entgegengesetzte Zahl $-a$

Es gilt die Vereinbarung, dass das Vorzeichen plus (+) üblicherweise nicht geschrieben wird.

1. Vereinbarung:

$a = +a$

Zahl	a	+2	-3	(+)0
entgegengesetzte Zahl	$-a$	-2	-(-3)= +3	(-)0

Weiter wird vereinbart, dass das Operationszeichen mal (·) vor Klammern und bei Variablen weggelassen wird.

2. Vereinbarung

$2(a + b) = 2 \cdot (a + b) = 2 \cdot a + 2 \cdot b$
$= 2a + 2b$

Die Vereinigung der natürlichen Zahlen mit der Menge ihrer entgegengesetzten Zahlen ergibt die Menge der ganzen Zahlen.

$Z = \{...;-3;-2;-1;0;+1;+2;+3;...\}$

Vorzeichen *(können entfallen)*

$$(+3) - (-2) + (-4) = (+1)$$

Operationszeichen   Gleichheitszeichen

NICHT ALLES IST GENAU ZU TEILEN

UND DIE MATHEMATIK IN DER GESCHICHT ...*

Der Kaufmann **Leonardo Fibonacci** (um 1170 – nach 1240) genannt **Leonardo von PISA,** studierte die Mathematik der Araber und begann in Italien Brüche auch mit Buchstaben zu schreiben, um Rechengesetze allgemein ausdrücken zu können.

Das Rechnen mit Buchstaben hatte sich bis dato überhaupt nicht und bis heute bei manchen Menschen nur sehr schwer durchgesetzt.

PISA ist dafür wegen der gleichnamigen Studie ein treffendes Synonym geblieben.

Leonardo Fibonacci hat die folgende Behauptung aufgestellt:

„Wenn sich a als Summe in die beiden von null verschiedenen Summanden b und c zerlegen lässt:

$$a = b + c,$$

und man $\frac{a}{b} = d$ *und* $\frac{a}{c} = e$ *setzt mit b, c ≠ 0*

dann gilt die Behauptung: $d \cdot e = d + e$ *.“*

Ein Beispiel: (a) (b) (c)   (d)   (e)

$$5 = 2 + 3 \qquad \frac{5}{2} = 2,5 \qquad \frac{5}{3} = \frac{5}{3}$$

$$2,5 \cdot \frac{5}{3} = \frac{5}{2} \cdot \frac{5}{3} = \frac{25}{6} \quad \text{und} \quad 2,5 + \frac{5}{3} = \frac{5}{2} + \frac{5}{3} = \frac{15}{6} + \frac{10}{6} = \frac{25}{6}$$

ist noch kein Beweis!

Hier der exakte Beweis mit allgemeinen Zahlen:

$$d + e = \frac{a}{b} + \frac{a}{c} \qquad \text{nach der Definition von d und e.}$$

$$d + e = \frac{c \cdot a}{c \cdot b} + \frac{a \cdot b}{c \cdot b} \quad \text{Erweiterung auf den Hauptnenner } c \cdot b.$$

$$d + e = \frac{c \cdot a + a \cdot b}{c \cdot b} \quad \text{Voraussetzung: } a = b + c.$$

Dann ist: $b = a - c$

$$d + e = \frac{a(c + b)}{cb} = \frac{a^2}{bc} = \frac{a \cdot a}{b \cdot c} = \frac{a}{b} \cdot \frac{a}{c} = d \cdot e \qquad \text{q.e.d. oder:}$$
$$\text{was zu zeigen war.}$$

Nach Voraussetzung ist nämlich:

$\frac{a}{b} = d$ und $\frac{a}{c} = e.$

EIN MANN HAT ZWEI BRIEFE GESCHRIEBEN, DIE ER RATLOS IN DER HAND TRÄGT, UND ...

Zwei Briefe, zwei Briefmarken hab ich, und nuuu?

THEMATISCHE EINORDNUNG

Im Bereich der natürlichen Zahlen gibt es zu zwei Summanden immer eine Summe, die durch eine natürliche Zahl dargestellt wird. Im Bereich der natürlichen Zahlen gibt es zu zwei Faktoren immer ein Produkt, welches durch eine natürliche Zahl dargestellt wird.
Im Bereich der ganzen Zahlen ist die Differenz zweier ganzer Zahlen immer eine ganze Zahl.
Im Bereich der rationalen Zahlen ist der Quotient aus zwei rationalen Zahlen immer eine rationale Zahl.

Allerdings ist die Division durch null verboten!
Um die Addition umkehren zu können, wurde der Bereich der natürlichen Zahlen zum Bereich der ganzen Zahlen erweitert. Die Menge der natürlichen Zahlen ist eine echte Teilmenge der ganzen Zahlen. Es kommen die negativen ganzen Zahlen hinzu.
Um die Multiplikation umkehren zu können, wurde der Bereich der ganzen Zahlen zum Bereich der rationalen Zahlen erweitert. Die Menge der ganzen Zahlen ist eine echte Teilmenge der rationalen Zahlen (ganzen Zahlen

sind Brüche mit dem Nenner eins oder Brüche, die sich durch Kürzen auf den Nenner eins zurückführen lassen).
Rationale Zahlen lassen sich als gemeine Brüche in der Form

$$\frac{p}{q} \text{ mit } p; q \in \textit{ganze} \text{ Zahlen und } q \neq 0,$$

aber auch als abbrechende oder periodische Dezimalbrüche darstellen:

$$\frac{1}{2} = 0{,}5 \quad \frac{2}{3} = 0{,}\overline{6} \quad \frac{1}{7} = 0{,}\overline{142857}.$$

DER BRUNNEN VON HERON IST VOLL

UND DIE MATHEMATIK IN DER GESCHICHT ...*

Heron von Alexandria (um 60 n. Chr.) hat Maschinen konstruiert und folgende Aufgabe gestellt:

Es gibt vier Quellen.
Die erste füllt den Brunnen täglich,
die zweite braucht zwei Tage,
die nächste drei Tage
und die vierte füllt den Brunnen sogar erst in
vier Tagen.
In welcher Zeit füllen alle Quellen zusammen
den Brunnen?

Lösung der Aufgabe:

Die verbale Aussage ist nunmehr in einem Term darzustellen. Dabei ergibt die Summe der Förderkapazität der vier Quellen pro Tag eine Größe für die Leistung pro Tag. Beispielsweise füllt die dritte Quelle an einem Tag ein Drittel des Brunnens. Für alle vier Quellen ergibt sich:

$$1 + \frac{1}{2} + \frac{1}{3} + \frac{1}{4} = \frac{12}{12} + \frac{6}{12} + \frac{4}{12} + \frac{3}{12} = \frac{25}{12}$$

Das k.g.V. (kleinstes gemeinsames Vielfaches) von zwei, drei und vier ist zwölf (Hauptnenner).

Somit können in einem Tag (24 Stunden) mehr als zwei Brunnen dieser Größe gefüllt werden.

$$\frac{25}{12} = \frac{24}{12} + \frac{1}{12} = 2 + \frac{1}{12}$$

Damit ist ersichtlich, dass die vier Quellen zusammen den Brunnen zusammen in weniger als einen halben Tag (weniger als zwölf Stunden) füllen können.

In $\frac{12}{25}$ Teilen eines Tages füllen die vier Quellen gemeinsam den Brunnen.

$\frac{12}{25} = 0{,}48$ Tage sind 11,52 Stunden.

0,52 Stunden sind 31,2 Minuten.
0,2 Minuten sind 12 Sekunden.
Demzufolge ist der Brunnen in elf Stunden, einunddreißig Minuten und zwei Sekunden gefüllt.
Probe:

$$\frac{12}{25} + \frac{12}{25} \cdot \frac{1}{2} + \frac{12}{25} \cdot \frac{1}{3} + \frac{12}{25} \cdot \frac{1}{4} = \frac{12 \cdot 12}{300} + \frac{12 \cdot 6}{300} + \frac{12 \cdot 4}{300} + \frac{12 \cdot 3}{300}$$

$$= \frac{144 + 72 + 48 + 36}{300} = \frac{300}{300} = 1$$

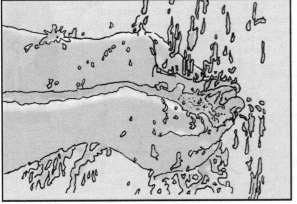

DIE VIER BESITZER DER BRUNNEN BEKOMMEN
DIE GELEGENHEIT, DIE ZISTERNE ZU FÜLLEN.

Na, das dauert!

PUUUMP

KRÄÄCHZ

Nach zwei Tagen ist erst die Hälfte gefüllt.

Am Ende des vierten Tages ist die Zisterne gefüllt!

Da kommt deutlich mehr!

Wasser marsch !!!

Nach zwei Tagen schon über die Hälfte.

Nach drei Tagen ist alles gefüllt!

Irrer Wasserdruck jetzt!

... dreht auf !!!

Oh, nach zwei Tagen gefüllt!

Leute !!! ...mächtig gewaltig!

Die stärksten Pumpen pumpen !!!

... und nach einem Tagen gefüllt!

Das genügt nicht!

Voll Wasser, eh!

Ja, an einem Tag.

ZISTERNE IN EINER NACHT VOLLFÜLLEN.

Was sollen die Dicken?

Wir müssen nun alle Brunnenzuläufe bündeln, klar!

?

THEMATISCHE EINORDNUNG

Die Addition (Subtraktion) von Brüchen kann dann ohne Probleme durchgeführt werden, wenn die Brüche den gleichen Nenner haben (gleichnamig sind). Ist das nicht der Fall, so sind die Brüche durch Erweitern auf einen gemeinsamen Nenner (Bildung des Hauptnenners) umzuformen.

Der Hauptnenner ergibt sich aus dem kleinsten gemeinsamen Vielfachen (k.g.V.) der Nenner.

Bildung des k.g.V.:

1. Die Nenner der Brüche werden in ein Produkt von Primzahlen (Primfaktoren) zerlegt.
2. Gleiche Primzahlen werden zu Primzahlpotenzen zusammengefasst.
3. Das kleinste gemeinsame Vielfache ergibt sich aus dem Produkt der Primzahlpotenzen mit dem größten Exponenten.
4. Es sind dabei alle Primzahlpotenzen mit einer unterschiedlichen Basis zu berücksichtigen.

Beispiel:

k.g.V. $(78; 156; 416) = 1248$

$78 = 2 \cdot 3 \cdot 13 = 2^1 \cdot 3^1 \cdot 13^1$
$156 = 2 \cdot 2 \cdot 3 \cdot 13 = 2^2 \cdot 3^1 \cdot 13^1$
$416 = 2 \cdot 2 \cdot 2 \cdot 2 \cdot 2 \cdot 13 = 2^5 \cdot 13^1$

k.g.V.: $2^5 \cdot 3^1 \cdot 13^1 = 1248$

$$\frac{5}{78} + \frac{11}{156} - \frac{7}{416} = \frac{5 \cdot 16}{78 \cdot 16} + \frac{11 \cdot 8}{156 \cdot 8} - \frac{7 \cdot 3}{416 \cdot 3}$$

$$= \frac{80}{1248} + \frac{88}{1248} - \frac{21}{1248} = \frac{147}{1248}$$

SOKRATES ERKLÄRT EINEM SKLAVEN MATHE

UND DIE MATHEMATIK IN DER GESCHICHT ...*

Der griechische Philosoph **Platon** (428 – 348 v. Chr.) hat im Jahre 389 in dem von ihm verfassten Dialog **Menon** die Lehrmethode seines Lehrers **Sokrates** (470 – 399 v. Chr.) beschrieben. Hierbei zeigte er, dass Lehrer kein Wissen schaffen sollen, sondern das sich im Kopf des Schülers ausbildende Wissen so fördern müssen, dass dieser es anwenden und nutzen kann – der Lehrer muss Hebamme für das Wissen seines Schülers sein.

Sokrates will einem mathematisch ungebildeten Sklaven seines Freundes mit Namen Menon helfen, eine Aufgabe zu lösen, die heißt: *Zu einem gegebenen Quadrat soll ein zweites gefunden werden, dessen Flächeninhalt doppelt so groß ist.*

Der Sklave schlägt folgende Lösung vor: Die Seiten des Quadrates werden verdoppelt!

Quadrat mit der Einheitsseitenlänge

Quadrat mit der verdoppelten Seitenlänge

Ergebnis: Die Fläche hat sich durch die Verdopplung der Seitenlängen vervierfacht.

Nun wird dem Sklaven von Sokrates der folgende Hinweis gegeben:

Die Fläche des großen Quadrates muss halbiert werden. Deswegen ist von allen vier kleinen Quadraten nur die Hälfte zu nehmen.

Wie lang ist aber nun eine Seite (*gemeint ist die des kleinen Quadrates – schräg stehend*)?

Ausgang ist eine Quadratseite (kleines oder ursprüngliches Quadrat) mit der Seitenlänge eins, welches ein Quadrat mit einer Flächeneinheit bildet.
Die unbekannte Seitenlänge ist x.

Es muss gelten $x \cdot x = 2$, wenn die doppelte Fläche des Einheitsquadrates die Lösung des Problems ergeben soll.

Es muss die Gleichung $x^2 = 2$ gelöst werden.
Klar ist die Abschätzung
$1{,}00 = 1^2$ entspricht $1 < x < 2$ entspricht $2^2 = 4$
aber auch
$1{,}96 = 1{,}4^2$ entspricht $1{,}4 < x < 1{,}5$ entspricht $1{,}5^2 = 2{,}25$
Und so weiter und so fort!

PLATON BESCHREIBT IM JAHRE 389 (v.Ch.) IM DIALOG MENON DIE LEHRMETHODE VON SEINEM LEHRER SOKRATES.

Ein Lehrer kann kein Wissen in den Kopf des Schülers trichtern!

Doch – man kann!

Aber wie ???

51

Wie viele Bäumchen kannst du pflanzen, wenn der Abstand zwei Meter fünfzig beträgt?

Hä ... Ist das Mathe?

Ich gebe dir eine Hilfe. Zuerst fünf Olivenbäumchen nebeneinander in die erste Reihe.

5 4 3 2 1

Und wie viele Reihen sind es?

DER SKLAVE STELLT DIE REIHE EINFACH SENKRECHT ZUR ERSTEN. (Heuristisch.)

Fünf Reihen mit je fünf Bäumen sind 25.

DAS WAR NUR DER EINSTIEG. PLATON STELLT NUN ABER DIE EIGENTLICHE AUFGABE.

Menon, du musst die doppelte Anzahl von Pflanzen auf die quadratische Fläche pflanzen!

... wie ist die Seitenlänge des Quadrates zu wählen?

Ha, ha ... die Aufgabe ist trivial!

Doppeln! Also 20 m.

Na, da wage ich aber zu widersprechen, geehrter Herr.

0 m   10 m   20 m
5 m   15 m

PROBIEREN GEHT ÜBER STUDIEREN!

MENON GEHT ABER HEURISTISCH VOR UND BEGINNT MIT 6 BÄUMCHEN PRO PFLANZENREIHE. DAS ENTSPRICHT 12,5 m AUF DER QUADRATSEITE.

Sechs Bäumchen in sechs Reihen ergibt jedoch nur 36 von 50.

Das wären doch zuwenig!

Die nächste Variante wären 15 m, Platz für je sieben Pflanzen.

49

THEMATISCHE EINORDNUNG

Irrationale Zahlen können so genau wie gewünscht oder wie erforderlich durch rationale Zahlen angenähert oder beschrieben, aber nie ganz genau durch diese angegeben werden.

Beispiel:

$1{,}4 < \sqrt{2} < 1{,}5$
maximaler Fehler kleiner als $\frac{1}{10}$

$1{,}41 < \sqrt{2} < 1{,}42$
maximaler Fehler kleiner als $\frac{1}{100}$

$1{,}414 < \sqrt{2} < 1{,}415$
maximaler Fehler kleiner als $\frac{1}{1000}$

Theoretisch besteht die Möglichkeit, jede auch noch so kleine Abweichung zwischen irrationalen und rationalen Zahlen zu unterschreiten. Das wird durch die Zahl der mitgeführten gültigen Ziffern realisiert.

Deswegen gilt stets und insbesondere für das Zahlenrechnen mit irrationalen Zahlen: **Nie so genau wie möglich rechnen, sondern immer nur so genau wie erforderlich oder, besser, so genau, wie es sinnvoll ist.**

Wenn zum Beispiel die Körpergröße von 20 Jugendlichen in Zentimetern gemessen wird, ist es unsinnig, den Durchschnittswert (Mittelwert) in Millimetern oder gar in Bruchteilen von Millimetern anzugeben. Was nutzt es auch, einen Zensurendurchschnitt von Prüfungen mit drei Stellen nach dem Komma anzugeben – das täuscht nur eine Genauigkeit vor, die bei den Messwerten nicht vorhanden ist.

ANTIKE MUSIK

UND DIE MATHEMATIK IN DER GESCHICHT ...*

Mit Schrecken stellten die griechischen Mathematiker fest, dass die Welt der Götter nicht in jeder Hinsicht erfassbar ist. Es gibt Verhältnisse von Streckenlängen, welche nicht mehr durch den Quotienten von ganzen Zahlen ausgedrückt werden können. Diese Strecken werden inkommensurabel, also „nicht mit gemeinsamen Maß messbar" genannt. Bereits **Aristoteles** (384 – 322 v. Chr.) beschreibt die Inkommensurabilität zwischen Seiten und Diagonalen des Quadrates.

Die Irrationalität (also die Nichtrationalität) von $\sqrt{2}$ wurde zuerst geometrisch und dann auch arithmetisch bewiesen.
Beispiel aus der Musik: Die **Oktave** bzw. **Quinte** zu einem Ton ergeben sich in der Musik, wenn die Saite, die diesen Ton erzeugt, im Verhältnis **2 : 1** beziehungsweise **3 : 2** verkürzt wird.

Platon (428 – 348 v. Chr.) lernte das Problem der inkommensurablen Strecken erst gegen Ende seines Lebens kennen. Er bezeichnet die Ignoranz gegenüber anderen als rationalen Zahlen als *lächerlich und schimpfliche Unwissenheit, die allen Menschen innewohnt.*

Er schämte sich für alle Griechen (Menschen mit diesem Verhalten):

Mich selbst ergriff durchaus Verwunderung, als ich spät das hörte. Es kam mir vor, als wäre so etwas [nämlich eine solche Unwissenheit] bei den Menschen gar nicht möglich, sondern eher bei einer Herde Schweine!

Die Folgen waren für die Mathematik im antiken Griechenland enorm: Man vernachlässigte die Arithmetik, weil Zahlen plötzlich unzuverlässig erschienen, und löste die Probleme geometrisch, weil damit die griechischen Ideale der exakten Mathematik scheinbar besser zu verwirklichen waren.

Die Araber begannen erst viele Jahrhunderte später, bedingt durch intensive Handelstätigkeit, die Algebra von ihrer geometrischen Verkleidung zu befreien.

In Europa ließ **Leonardo von PISA** (um 1170 bis nach 1240) in seinem Werk **liber abaci** (1202) als Lösung von Gleichungen, aber auch als Koeffiziente, irrationale Zahlen zu.

*Tonstufung nach irrationalen Zahlen

55

56

THEMATISCHE EINORDNUNG

Die Entdeckung inkommensurabler Strecken erschütterte den Glauben an die antike Mathematik auf das Heftigste. So wundert es nicht, dass erst im 2. Viertel des 5. Jahrhunderts vor Christi Geburt durch **Hippasos** davon berichtet wird. Hippasos betrieb seine Forschungsarbeiten sehr praktisch, indem er Metallscheiben zum Klingen brachte. Damals galt die Beschäftigung mit nichtrationalen Zahlen (irrationalen Zahlen) als gottlos. Es wird deswegen berichtet, Hippasos sei wegen dieser Forschungen im Meer umgekommen. Die Anhänger des **Pythagoras** (Pythagoreer) sollen Hippasos bereits zu Lebzeiten ein Grab errichtet haben, um ihn aus der menschlichen Gesellschaft, vor allem aber aus der Mathematik auszuschließen, eine Gepflogenheit, die zum Leidwesen für manche Schüler heute nicht mehr durch die Schulordnung gedeckt wird. Die Pythagoreer haben sich so aufgeregt, weil sie glauben, dass alle Erscheinungen der Erde auf Harmonie beruhen und dieses alleine durch natürliche Zahlen in der Mathematik auszudrücken wäre.

Aber auch das zu Lebzeiten gesetzte Grabmal für Hippasos löste das Problem nicht.

Mit Schrecken stellten die griechischen Mathematiker fest, dass die Welt der Götter nicht in jeder Hinsicht erfassbar ist. Es gibt Verhältnisse von Streckenlängen, welche nicht mehr durch den Quotienten von ganzen Zahlen ausgedrückt werden können. Diese Strecken werden inkommensurabel genannt.

Bereits **Aristoteles** (384 – 322 v. Chr.) beschreibt die Inkommensurabilität zwischen Seiten und Diagonalen des Quadrates.

Die Irrationalität (also die Nichtrationalität) von $\sqrt{2}$ wurde zuerst geometrisch, dann auch arithmetisch bewiesen.

EIN MAßGERECHTER PLANETENWEG

UND DIE MATHEMATIK IN DER GESCHICHT ...[*]

Der mittlere Abstand zwischen Sonne und Erde beträgt eine astronomische Einheit = 1AE.

$1AE = 1{,}496 \cdot 10^{11}$ m = 149 600 000 000 m

Name	Sonnenabstand (AE)	Sonnenabstand (m)		Durchmesser (m)	
Sonne	0,00	0		1 400 000 000 =	$1{,}400 \cdot 10^9$
Merkur	0,39	57 900 000 000	$(5{,}790 \cdot 10^{10})$	4 878 000 =	$4{,}878 \cdot 10^6$
Venus	0,72	108 200 000 000	$(1{,}082 \cdot 10^{11})$	12 104 000 =	$12{,}104 \cdot 10^6$
Erde	1,00	149 600 000 000	$(1{,}490 \cdot 10^{11})$	12 756 000 =	$12{,}756 \cdot 10^6$
Mars	1,52	227 900 000 000	$(2{,}270 \cdot 10^{11})$	6 794 000 =	$6{,}794 \cdot 10^6$
Jupiter	5,20	778 000 000 000	$(7{,}780 \cdot 10^{11})$	143 000 000 =	$0{,}143 \cdot 10^9$
Saturn	9,54	1 427 000 000 000	$(1{,}427 \cdot 10^{12})$	120 000 000 =	$0{,}120 \cdot 10^9$
Uranus	19,18	2 870 000 000 000	$(2{,}870 \cdot 10^{12})$	51 800 000 =	$51{,}800 \cdot 10^6$
Neptun	30,06	4 496 000 000 000	$(4{,}500 \cdot 10^{12})$	48 600 000 =	$48{,}600 \cdot 10^6$

Im Modell	Abstand (m)	Durchmesser (m)
Sonne	0	0,930
Merkur	39	0,004
Venus	72	0,012
Erde	100	0,012
Mars	152	0,007
Jupiter	520	0,144
Saturn	954	0,120
Uranus	1918	0,051
Neptun	3006	0,049

Sehr große (oder sehr kleine) Zahlen können übersichtlich in der Zehnerpotenzdarstellung geschrieben werden.

$a \cdot 10^n$ mit $1 \le a < 10$ und bei großen Zahlen $n \in N$ (natürliche Zahlen)

Beispiel: Die Längeneinheit von einem Lichtjahr (1Lj) entspricht ungefähr

9 460 500 000 000 km

Übersichtliche Darstellung: $1Lj = 9{,}4605 \cdot 10^{12}$ km

In einem Modell soll einer Größe von $1{,}5 \cdot 10^{12}$ m eine Länge von 10^3 m entsprechen. Maßstab 1,5 : 10^9

EINE KURSSTUFE WILL SICH IN EINEM PROJEKT UNSER SONNENSYSTEM VOR-STELLEN UND AUF DEM SCHULGELÄNDE DEMONSTRIEREN.

Ich würde logisch mit der Erde im Mittelpunkt beginnen, weil wir auf der stehen – oder?

... ist doch Quatsch !!!

Hmm – nun ja – das geozentrische Weltbild des **Ptolemäus** war vor eintausendneunhundert Jahren Stand der Wissenschaft.

Herr Studienrat ... ich markiere gleich auf der Mitte des Schulhofes mit einem Kreis die Erde. **Okay**?

59

DIE 8 PLANETEN UNSERES SONNENSYSTEMS

J U P I T E R

S A T U R N

U R A N U S

N E P T U N

THEMATISCHE EINORDNUNG

Die dezimale Unterteilung der Maß-
einheiten ist die Grundlage des inter-
nationalen Maßsystems (IS).

Beispiele:

1. Der zehnfache Betrag eines
   Gramms ist ein Dekagramm.
   10g = 1dag
2. Zehn Jahre bilden den Zeitabschnitt einer Dekade.
3. Einhundert Liter sind ein Hektoliter.
   100l = 1hl
4. Eintausend Meter sind ein Kilometer.
   1000m = 1km

Zehnerpotenz	Abkürzung	Bezeichnung	Bemerkung	Zahlwort
10^1	da	Deka	griech.: zehn	Zehn
10^2	h	Hekto	griech.: hundert	Hundert
10^3	k	Kilo	griech.: tausend	Tausend
10^6	M	Mega	griech.: groß	Million
10^9	G	Giga	griech.: Riese	Milliarde
10^{12}	T	Tera	griech.: Ungeheuer	Billion
10^{15}	P	Peta	nach griech.: 5 x 3	Billiarde
10^{18}	E	Exa	nach griech.: 6 x 3	Trillion
10^{21}	Z	Zetta	nach ital.: 7 x 3	Trilliarde
10^{24}	Y	Yotta	nach ital.: 8 x 3	Quadrillion
10^{27}				Quadrilliarde
10^{30}				Quintillion

LOSE ROLLEN POTENZIEREN DIE KRAFT

Und die Mathematik in der Geschicht ...*

Ist die Basis positiv, dann ist der Potenzwert unabhängig vom Exponenten positiv.

Ist die Basis negativ, dann ist der Potenzwert bei geraden Exponenten positiv und bei ungeraden Exponenten negativ.

1. $\left(\frac{1}{2}\right)^3 = \frac{1}{8}$ **2.** $(-3)^4 = 81$ **3.** $(-2)^3 = -8$ **4.** $-4^2 = -16$

Zu beachten ist dabei:

Das Minus gehört im zweiten und dritten Beispiel zur Basis. Im vierten Beispiel ist das Minus ein Vorzeichen und **kein** Bestandteil der Basis.

Noch einmal:

Bei $(-a)^n$ soll die Zahl $-a$ in die n–te Potenz erhoben werden.

Dazu im Unterschied:

Bei $-a^n$ wird a in die n–te Potenz erhoben und vor diesen Potenzwert ein Minus gesetzt.

1. Erweiterung der Potenzdefinition: $a^1 = a$

2. Erweiterung der Potenzdefinition: $a^0 = 1$ für $a \neq 0$

3. Erweiterung der Potenzdefinition: $a^{-n} = \frac{1}{a^n}$

$a \neq 0 \quad n > 0$ und

4. Erweiterung der Potenzdefinition: $a^{\frac{p}{q}} = \sqrt[q]{a^p} \quad a^p \geq 0$

p und q sind ganze Zahlen

Aufgaben und ihre Lösungen

1. Als Zehnerpotenzenprodukt ist zu schreiben:

  a) Durchmesser eines Wasserstoffatoms
  0,000 000 0053 cm − **Lösung:** $5,3 \cdot 10^{-9}$ cm

  b) Masse der Erde
  5 973 600 000 000 000 000 000 000 kg
  Lösung: $5,9739 \cdot 10^{24}$ kg

  c) Gravitationskonstante 0,000 000 000 0668 $m^3 kg^{-1} s^{-2}$
  Lösung: $6,68 \cdot 10^{-11} m^3 \cdot kg^{-1} \cdot s^{-2}$

2. Schreibe in Zehnerpotenzen, zwischen welchen reellen Zahlen die Wellenlängen von Gammastrahlen liegen:
0,000000000000003 cm $\leq \lambda \leq$ 0,00000003 cm
Lösung: $3 \cdot 10^{-12}$ cm $\leq \lambda \leq 3 \cdot 10^{-8}$ cm

3. Berechne   **a)** $(-2)^4$ **b)** $(-5)^3(-9)^3$ **c)** $(-x-1)^2$
Lösungen: **a)** 16   **b)** $5^3 \cdot 9^3 = (5 \cdot 9)^3$
   c) $(-1)^2(x+1)^2 = x^2 + 2x + 1$

4. Schreibe als Potenzen (ohne Bruchstrich und Wurzelzeichen).

  a) $\frac{a^2}{\sqrt{b}}$ **b)** $\frac{a}{\sqrt[3]{(a+b)^2}}$ **c)** $\frac{a+b}{a^2 \cdot \sqrt{b}}$

  Lösungen: a) $a^2 \cdot b^{-\frac{1}{2}}$ **b)** $a(a+b)^{-\frac{2}{3}}$ **c)** $(a+b)a^{-2}b^{-\frac{1}{2}}$

Zwecklos! Wir stecken hier fest.

Watt' los ... wir helfen dir, Alter!

... 'ne easy Luftnummer.

Eh ... Das war nichts.

Los! Dicke Äste und Reisig darunter.

Nu gib Stoff!

Alles klar!

Danke Jungs! ... toll.

Irre eh. **Einer** hebt den Wagen hoch!

... Engel eben.

DIE BIKER DÜSEN WEITER. **DOCH DA PASSIERT ES!** DER WAGEN ROLLT DIE STRAßE RUNTER.

Handbremse ???

... mist!

... shit!

... merde!

... und nu?

... ROLLLT UND ROLLLT ... UND ROLLLLT!!!

THEMATISCHE EINORDNUNG

Die Multiplikation stellt eine spezielle Addition (gleicher Summanden) dar.

$$a + a + \ldots + a = n \cdot a$$

Anzahl der Summanden: n

Die Multiplikation gleicher Faktoren führt zur Potenzrechnung.

$$a \cdot a \cdot \ldots \cdot a = a^n = b$$

Anzahl der Faktoren: n

Dabei sind a und b reelle Zahlen ($n \in \mathbb{N} \setminus \{0\}$)

$$a^n = b$$

n – Exponent
a – Basis
b – Potenzwert

Bei den Rechenoperationen der ersten Stufe (Addition) und der zweiten Stufe (Multiplikation) können die Operanden vertauscht werden (Kommutativgesetz). Aus dem Grund genügt eine Umkehroperation, um aus der Kenntnis des Resultats (Summe oder Produkt) und eines Summanden oder Faktors den anderen zu bestimmen (Subtraktion und Division).

Bei der Rechenoperation der dritten Stufe (Potenzrechnung) können Basis und Exponent im Allgemeinen nicht vertauscht werden.

Aus diesem Grund gibt es zwei Umkehroperationen (Logarithmenund Wurzelrechnung).

HANDYTARIFE IM VERGLEICH

Und die Mathematik in der Geschicht ...*

Die Grundgebühr für ein Handy beträgt monatlich 12 €.
Pro Minute sind 6,5 ct zu zahlen.

Es ist eine Vorschrift (Formel!) anzugeben, mit der bei z Einheiten im Monat, die telefoniert wurden, der Rechnungsbetrag für den Monat bestimmt werden kann.

Der Rechnungsbetrag für den Monat ist die Summe aus der Grundgebühr einerseits und dem Produkt aus der Anzahl der Minute (z) und dem Preis pro Minute andererseits.

Verbale Gleichung:

Monatlicher Rechnungsbetrag = Grundgebühr + Anzahl Minuten mal 6,5 ct

Grundgebühr: 12 €

Anzahl der Einheiten: z (unabhängige Größe, man kann schließlich telefonieren, so lange man will?!)

Preis pro Minute: 0,065 € (Achtung! – Euro und Cent nicht vermischen!)

Monatlicher Rechnungsbetrag: b (in Euro)

$$b = 12 + 0,065 \cdot z$$

Beispiel: Es wurden in einem Monat 96 Minuten telefoniert. Daraus ergibt sich der Rechnungsbetrag:

$$b = 12 + 0,065 \cdot 96 = 12 + 6,24 = 18,24$$

Es sind 18,24 € zu zahlen.

Beispiele:

1. Wie heißt die Zuordnungsvorschrift, die
   a) einer Zeit (t) bei einer durchschnittlichen Geschwindigkeit von 50 km/h eine zurückgelegte Wegstrecke (s) zuordnet?
   b) einer Länge (l) bei einer Breite von 10 cm die Fläche des Rechtecks (A) zuordnet?

2. Wie viel (Angaben vgl. Beispiel 1)
   a) Meter werden in 10 Minuten zurückgelegt?
   b) Quadratzentimeter hat ein Rechteck mit einer Länge von 32,5 cm?

Lösungen:

1. a) $s = v \cdot t = 50 \cdot t$ Hierbei ist zu beachten, dass die Zeit in Stunden oder Teilen von Stunden eingesetzt werden muss und der Weg in Kilometern berechnet wird.
   b) $A = b \cdot l = 10 \cdot l$ Hierbei ist zu beachten, dass die Länge in Zentimeter eingesetzt werden muss und die Fläche in Quadratzentimetern berechnet wird.

2. a) 10 Minuten sind ein sechstel Stunde.
   $$s = 50 \cdot \frac{1}{6}\,\text{km} = \frac{25}{3}\,\text{km} \approx 8,333\,\text{km} = 8333\,\text{m}$$
   Es werden bei einer Durchschnittsgeschwindigkeit von 50 km/h in 10 Minuten 8333 m zurückgelegt.
   b) $A = 10 \cdot 32,5\,\text{cm}^2 = 325\,\text{cm}^2$ Das Rechteck mit einer Breite von 10 cm und einer Länge von 32,5 cm hat eine Fläche von 325 Quadratzentimetern.

* analytische Darstellung von Zuordnungen

Wegen der hohen Telefonkosten ...

Was! Kostenlimit von 20 € im Monat ...

Und die Wahl zwischen zwei Verträgen.

Monatslimit 20 €.

Neue Verträge?

... haben wir den Vertrag gekündigt !!!

BEIDE SIND RATLOS, WEIL SIE NICHT EINSCHÄTZEN KÖNNEN, WELCHES ANGEBOT BEI DEM LIMIT NUN BESSER GEEIGNET IST.

Ich bin für's erste Angebot. **Sechs Euro sechzig** Grundgebür und **fünf Cent** pro Minute.

5 Cent pro Minute

DOCH ... VON DEN 20 € WÜRDEN DIE 6,60 € EIN DRITTEL AUSMACHEN, OHNE ÜBERHAUPT TELEFONIERT ZU HABEN.

Ich entscheide mich für das zweite Angebot. Also ohne Grundgebür. Aber ...

35 Cent pro Minute

NUN WIRD GERECHNET !!!

LIMIT: 20 € = 2000 CENT

1. ANGEBOT: (abzgl. 660 ct) $\dfrac{1340\ ct}{5\ ct} = 268\ MIN.$

2. ANGEBOT: $\dfrac{2000\ ct}{35\ ct} \approx 58\ MIN.$

HA ... BEI 22 MIN. WÜRDEN BEIDE TARIFE ÜBEREINSTIMMEND 7,70 € KOSTEN. WENIGER ALS 7,70 € WÜRDEN BEDEUTEN, DASS DAS ZWEITE ANGEBOT BESSER WÄRE.

♥chen, ich kann über zwei Stunden länger.

ARGH!

THEMATISCHE EINORDNUNG

Vorschriften gibt es überall! Leider lassen sie sich jedoch nicht immer als Abhängigkeiten erkennen und darstellen.

Der Bußgeldkatalog ist eine tabellarische Darstellung, wodurch dem Wert der Geschwindigkeitsüberschreitungen b (unabhängige Größe!) ein davon abhängiger Geldbetrag in Euro (als Buße) zugeordnet wird. Beim Oszillographen wird eine Spannung in Abhängigkeit von der Zeit graphisch dargestellt. Das Volumen eines Würfels kann in Abhängigkeit von der Kantenlänge nach der Zuordnungsvorschrift

$$V = a^3$$

berechnet werden.

Formeln besitzen zweifellos den Vorteil, dass jede abhängige Größe mit beliebiger Genauigkeit aus einer vorgegebenen unabhängigen Größe berechnet werden kann. Mit dem jederzeit griffbereiten Taschenrechner ist es auch kein Problem mehr, die Rechnung mit beliebiger Genauigkeit auszuführen. Allerdings ist die Darstellung als Formel nicht besonders anschaulich, zumindest nicht für den, der sich nicht professionell mit Mathematik beschäftigt oder beschäftigen muss.

Bei allen Darstellungen von Funktionen ist es jedoch wichtig, dass der Definitionsbereich angegeben wird – es ist die Menge der Werte (unabhängige Variable), für die eine abhängige Variable festgelegt wird.

WÄHRUNGEN IM WECHSELKURS

UND DIE MATHEMATIK IN DER GESCHICHT ...*

Die Zuordnungsformel einer Proportionalität kann in der Form
$$y = m \cdot x$$
geschrieben werden, wodurch ausgedrückt wird, dass der Größe x die Größe y zugeordnet wird.

Der Wert von y berechnet sich aus dem für x durch Multiplikation mit dem Proportionalitätsfaktor m. Es ergibt sich m als Quotient aus dem y-Wert und dem x-Wert des gegebenen Paares. Aus dem y-Wert kann der zugehörige x-Wert durch Multiplikation mit dem Kehrwert des Proportionalitätsfaktors erhalten werden.

$$m = \frac{y}{x} \qquad \frac{1}{m} = \frac{1}{\frac{y}{x}} = \frac{x}{y} \qquad x = \frac{1}{m} \, y = \frac{y}{m}$$

Der Kehrwert des Proportionalitätsfaktors ist der Quotient, bei dem Zähler und Nenner vertauscht werden (Kehrwert des Bruches).

Beispiel: Zu berechnen sind die Werte für folgende proportionale Zuordnung.

x	10	15	
y		28	32

Aus dem gegebenen Paar (15|28) folgt der Proportionalitätsfaktor und dessen Kehrwert.

$$y = \frac{28\,x}{15} \qquad\qquad x = \frac{15\,y}{28}$$

$$y = \frac{28}{15} \cdot 10 = \frac{56}{3} \qquad x = \frac{15}{28} \cdot 32 = \frac{120}{7}$$

Beispiel: Am 15. November 2010 entsprach einem Euro (€) ein Wert von 1,36$. Der Proportionalitätsfaktor (Kurs beim Tausch von € in $) lautet 1,36.

Der Kehrwert des Proportionalitätsfaktors

$$\frac{1}{1,36} \approx 0{,}735$$

gibt den Kurs beim Tausch von $ in € an.

1. 100€ entsprechen bei diesem Kurs
   $$100 \rightarrow 1{,}36 \cdot 100,$$
   also 136$.

2. 68$ entsprechen bei diesem Kurs
   $$68 \rightarrow \frac{68}{1{,}36} = 68 \cdot 0{,}735 = 50$$
   Also 50€.

3. Werden an einem Tag 70$ für 50€ gewechselt, dann steht der Kurs 70:50 = 1,4 :1, d.h. ein € ist dann 1,40$ wert, also mehr als am 15.11.2010.

THEMATISCHE EINORDNUNG

Eine Proportion ist durch die Angabe eines einzigen Wertepaares eindeutig bestimmt. Das Paar (0|0) oder der Ursprung des Koordinatensystems gehört stets zu einer Proportion.

Wird der zweite Wert des Paares durch den ersten dividiert (der erste Wert muss dazu stets ungleich null sein, denn Division durch null ist verboten), so ergibt sich der Faktor, mit dem eine beliebige Zahl multipliziert werden muss, um den zweiten Wert des Paares zu bestimmen. Dieser Faktor wird als Proportionalitätsfaktor bezeichnet.

Soll der erste Wert eines Paares bestimmt werden, so ist mit dem Kehrwert des Proportionalitätsfaktors zu multiplizieren.

Beispiele:

1. Wenn 420 Gramm Käse 3,64€ kosten, dann sind es 4,51€, die für 520 Gramm der gleichen Käsesorte zu zahlen sind.

2. Für 4,80€ würde man 554 Gramm dieser Käsesorte erhalten (falls sich der Preis nicht ändert!).

MATERIALKENNZEICHEN – DICHTE

Und die Mathematik in der Geschicht ...*

Wasser hat die Dichte

$$1\,\text{kg/dm}^3 = 1\,\text{g/cm}^3$$

Körper mit einer kleineren Dichte schwimmen auf der Wasseroberfläche und die mit größerer Dichte gehen unter.

Wenn Masse und Volumen eines Körpers bekannt sind, so kann daraus die Dichte berechnet und aus einer Dichtetabelle abgelesen werden, um welchen Stoff es sich handelt. Die Bestimmung der Dichte kann ebenfalls in der Werkstoffprüfung genutzt werden, um Hohlräume oder Fehlstellen im Material aufzuspüren.

Beispiel:

Ein Eisenstück mit einem Volumen von 12,3 cm³ wiegt 92 g.

Ein Blech mit einer Fläche von 1,2 m² und einer Stärke von 6 mm hat eine Masse von 47,520 kg.

Sind die beiden Eisenteile aus dem gleichen Material?

Das Eisenstück:

Masse (m): 92 g, Volumen (V): 12,3 cm³

$$\varrho = \frac{m}{V} = \frac{92}{12,3}\,\text{g/cm}^3 \approx 7,48\,\text{g/cm}^3$$

Das Blech:

Masse (m): 47,520 kg = 47 520 g
Volumen (V): Quadervolumen

$$V = A \cdot h = 1,2 \cdot 6\,\text{m}^2\text{mm} = 12\,000 \cdot 0,6\,\text{cm}^3 = 7200\,\text{cm}^3$$

$$\varrho = \frac{m}{V} = \frac{47520}{7200}\,\text{g/cm}^3 \approx 6,6\,\text{g/cm}^3$$

Es handelt sich also **nicht** um das gleiche Material.

Gleiches Volumen vorausgesetzt, ist das Blech leichter als das Eisenstück.

Ist der Quotient aus der Masse und dem zugehörigen Volumen eines Körpers gleich, dann ist dies bei gleicher Konsistenz ein Indiz, dass es sich um das gleiche Material handelt.

Sind in einem gegossenen Metallblock Hohlräume eingeschlossen, dann ist sein Volumen größer als bei einem kompakten Gussstück des gleichen Materials und seine Dichte hat einen kleineren Wert.

EXPERIMENTE WÄHREND EINES AUFBAUSEMINARS SIND FÜR ALLE IMMER EINE FREUDE. DENN SELBST ETWAS ZU TUN IST AUF KEINEN FALL LANGWEILIG UND OHNE TESTSTRESS LEICHT ZU ERTRAGEN.

Stellt fest, aus welchem Material die Körper sind. Alle sind mit schwarzer Farbe überzogen!

HMMM ...
Die Dichte ist groß, wenn entweder viel Masse auf kleinem Volumen ...
Die Dichte ist klein, wenn wenig Masse auf großem Volumen ...

Was braucht man also, um die Dichte zu berechnen?

Einen Taschenrechner zum Dividieren.

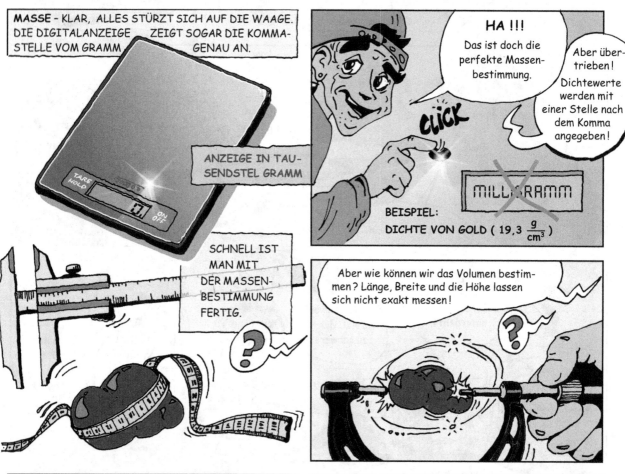

MASSE – KLAR, ALLES STÜRZT SICH AUF DIE WAAGE. DIE DIGITALANZEIGE ZEIGT SOGAR DIE KOMMASTELLE VOM GRAMM GENAU AN.

ANZEIGE IN TAUSENDSTEL GRAMM

HA !!!
Das ist doch die perfekte Massenbestimmung.

Aber übertrieben!
Dichtewerte werden mit einer Stelle nach dem Komma angegeben!

CLICK

MILLIGRAMM

BEISPIEL:
DICHTE VON GOLD (19,3 $\frac{g}{cm^3}$)

SCHNELL IST MAN MIT DER MASSENBESTIMMUNG FERTIG.

Aber wie können wir das Volumen bestimmen? Länge, Breite und die Höhe lassen sich nicht exakt messen!

ES ENTSTEHEN VÖLLIG UNSINNIGE VOLUMENZAHLEN.

Was passiert, wenn man den Körper in ein mit Wasser gefülltes Gefäß wirft
???

Der Klügere, nein!
... der Schwächere gibt nach und wird verdrängt.

UND NUN DAS LETZTE ANGEBOT

UND DIE MATHEMATIK IN DER GESCHICHT ...*

In der Prozentrechnung ist der Grundwert (G) immer der Gesamtwert der Größe mit 100 Prozent (100 %), das entspricht $\frac{100}{100}$ oder 1.

p Prozent vom Grundwert (Prozentsatz) ergeben dann den Prozentwert P. Aus der Verhältnisgleichung

$G : 100\,\% = P : p\%$

kann eine der drei Größen G; P; $p\%$ berechnet werden, wenn zwei bekannt sind oder aus einem Text entnommen werden können. Somit gibt es drei mögliche Aufgaben in der Prozentrechnung.

Beispiel:

Beim Kauf einer Küche zum Preis von 4800,00 € wird bei Barzahlung ein Skonto von 2,62% angeboten. Für die Montage durch die Lieferfirma wird eine Pauschalsumme von 150€ erhoben. Der Händler bietet die Übernahme dieser Summe an, wenn die Kundin bei Barzahlung auf die Preisreduzierung durch Skonto verzichtet. Soll sie das Angebot annehmen? Der Kunde entscheidet sich zur Annahme des Preisabzuges bei Barzahlung.

100 % entspricht einem Preis von 4800,00 €.

1% entspricht dem hundersten Teil des Grundpreises, also 48,00€.

2,7% sind das 2,7-fache des hundersten Teiles, also 129,60€, die von 4800€ abgezogen (verminderter Grundwert) einen Betrag von 4670,40€ ergeben, der zu zahlen ist.

Da die Montagekosten allerdings mit 150,00€ um 20,40€ über dem durch Skonto gewährten Abzug liegen, wird sich der Kunde wohl dafür entscheiden, die 4800€ an den Händler zu bezahlen, der seinerseits die Montagekosten von 150,00€ nicht in Rechnung stellt.

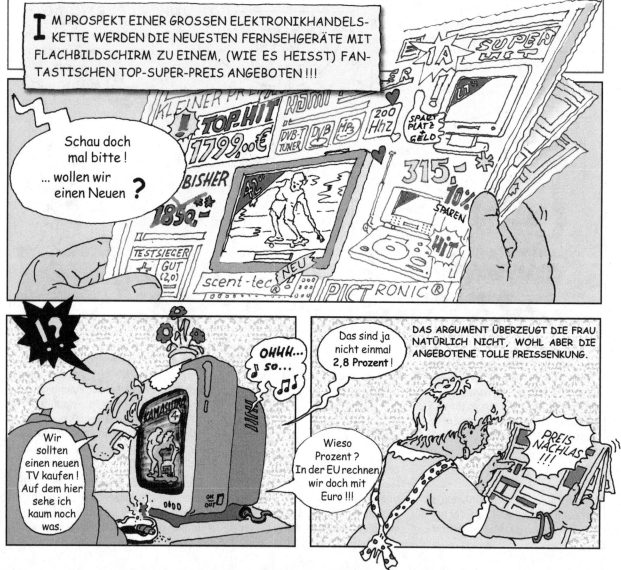

IM PROSPEKT EINER GROSSEN ELEKTRONIKHANDELS-KETTE WERDEN DIE NEUESTEN FERNSEHGERÄTE MIT FLACHBILDSCHIRM ZU EINEM, (WIE ES HEISST) FANTASTISCHEN TOP-SUPER-PREIS ANGEBOTEN!!!

DAS ARGUMENT ÜBERZEUGT DIE FRAU NATÜRLICH NICHT, WOHL ABER DIE ANGEBOTENE TOLLE PREISSENKUNG.

Wir hätten gerne den da ...

Naaa ... dann kommen Sie bitte !!!

FROH, SEINEN ROUTINE-VORTRAG NICHT ZUM X-TEN MAL WIEDERHOLEN ZU MÜSSEN, SCHALTET DER VERKÄUFER DEN FERNSEHER MIT EINER GEKONNTEN BEWEGUNG AN !

Sehen Sie !!!

EUHHH ... schööön !

Schön ? Ja diesen da, den möchten wir nehmen.

NUN:

Sie haben die Möglichkeit in Raten zu zahlen !

Zwölf mal monatlich 159,99 €.

STOPP ! STOPP !

... Dann sind genau: 12 · 159,99 € = 1919,88 € zu zahlen !

... Na, besser als 160,- € mtl.

Das geht doch oder ?

ALSO:

da müsste ich ...

insgesamt:
$$\frac{120,88}{1799,00} \approx 6{,}7\%$$
mehr bezahlen !

... als bei einer Barzahlung !

Schoooon wieder Prozent. Ich mag die nicht !

DER „ERTAPPTE" VERKÄUFER WILL ES WENIGSTENS NICHT AUCH NOCH MIT DER FRAU VERDERBEN UND ÜBERSETZT: **ES SIND GUT 120,- € MEHR.** DER FRAU MACHT DAS „GUT" VOR DER SUMME MEHR PROBLEME, OBWOHL ES SICH NUR UM 88 CENT HANDELT. SO DASS SIE IHREM MANN SOFORT BEIPFLICHTET.

Okay. Die Herrschaften zahlen also in bar !

Also Bitte !

... Und da kennen wir unsere „**top**" Möglichkeiten.

TV

RABATT

So, so ... Ich mache Ihnen folgende drei Angebote:

1. 3,6% SKONTO!
2. inkl. Transport + Anschluss!
3. sofort 60,00 € Abzug vom Kaufpreis!

Na, sowas ... Es wird doch !!!

THEMATISCHE EINORDNUNG

Das in der Praxis verwendete Zahlensystem ist ein Stellenwertsystem, wobei die Stellenwerte durch Zehnerpotenzen bestimmt werden.

Bei einem (gemeinen) Bruch bestimmt der Nenner, in wie viel Teile ein Ganzes geteilt wurde. Der Zähler gibt die Anzahl der Teile an. Brüche sind rationale Zahlen, die aber auch als Dezimalbrüche geschrieben werden können.

Die erste Ziffer nach dem Komma gibt die Anzahl der Zehntel, die zweite die Anzahl der Hundertstel, die dritte die Anzahl der Tausendstel usw. an. Die Bezeichnung für Zehntel ist *dezi*, für Hundertstel ist *zenti*, für Tausendstel ist *milli* ...

Von besonderer Bedeutung sind Hundertstelteile (Prozent) und Tausendstelteile (Promille) für noch feinere Unterteilungen. In der Wirtschaft und Statistik wird häufig mit Prozenten und Promillen gerechnet, denn u.a. kann damit eine brauchbare Bezugsgröße bei Vergleichen von relativen Häufigkeiten erreicht werden.

MENGENRABATT ODER SCHABLONE?

UND DIE MATHEMATIK IN DER GESCHICHT ...*

In der Prozentrechnung ist der Grundwert (G) immer der Gesamtwert der Größe, d.h. 100 Prozent (100 %), das entspricht $\frac{100}{100}$ oder 1.

In der Zinsrechnung, einer Anwendung der Prozentrechnung, ist das Kapital (K) immer der Gesamtwert des Guthabens (oder der Schuld) d.h. 100 Prozent. p Prozent vom Grundwert (Prozentsatz) ergeben dann den Prozentwert P. z Prozent vom Kapital (Zinssatz) ergeben die Zinsen (Zinswert) Z, die für eine Schuld (Darlehen) zu zahlen oder für ein Guthaben erhalten werden.

Aus der Verhältnisgleichung $K : 100\% = Z : z\%$ kann eine der drei Größen K; Z; z% berechnet werden, wenn zwei bekannt sind oder aus einem Text entnommen werden können. Somit gibt es drei mögliche Aufgaben in der Zinsrechnung, wie in der Prozentrechnung.

Beispiele:

1. Wie hoch muss ein Mengenrabatt sein, um 20 % Mehrwertsteuer zu kompensieren?

   Der Artikel kostet mit Mehrwertsteuer 120 Prozent. Ohne Mehrwertsteuer sind es 100 Prozent – also $\frac{100}{120} = \frac{5}{6}$. Die Mehrwertsteuer beträgt somit $\frac{1}{6} = 16\frac{2}{3}$ % vom Gesamtpreis, so hoch muss der Mengenrabatt sein.

2. Ein Schüler kauft für die Klasse 24 Schablonensätze zu einem Einzelverkaufspreis von 4,98 €. Er möchte als Mengenrabatt seinen Satz, der bei den 24 nicht enthalten ist, kostenlos bekommen. Welchem Mengenrabatt entspricht das in Prozent?

   25 mal 4,98 € sind 124,50 €. 24 mal 4,98 € sind 119,52 €.

   Das sind genau $\frac{124{,}50 - 119{,}52}{124{,}50} = \frac{4{,}98}{124{,}50} = 4\%$ Mengenrabatt.

   Und viel einfacher ist es, wenn die Tatsache berücksichtigt wird, dass $\frac{1}{25} = 4\%$ sind!

THEMATISCHE EINORDNUNG

Die Größe, auf die sich die Prozentzahl/ Zinssatz (p%) oder der Prozentwert/Zinsen (P) bezieht oder mit dem er verglichen wird, ist der Grundwert/Kapital (K).

Der Grundwert, das ist die Grundlage der Prozentrechnung, wird **immer auf die Prozentzahl 100 bezogen.**

Demzufolge ist der Prozentwert der Prozentzahl 100 % der Grundwert.

Es gibt zwei Dinge, über die sich Verkäufer freuen: Viel kaufen und möglichst sofort bezahlen.

Bei Barzahlung gibt es als Belohnung meist ein Skonto als Preisnachlass und beim Kauf eines größeren Postens kann ein Mengenrabatt ausgehandelt werden.

Es lohnt sich also meist, den Bedarf gut zu kalkulieren und bei einer größeren Menge mit dem Händler über einen Rabatt zu sprechen.

Natürlich darf man jedoch vor lauter Gier nach einem großen Mengenrabatt nicht den Blick auf seine Lagerkapazität vergessen! Lagerkosten sind auch Größen, die den Preis einer Ware meist nicht unerheblich belasten.

MEHRWERTSTEUER VOR DEM ZOLL

UND DIE MATHEMATIK IN DER GESCHICHT ...*

Eine Rechnung weist einschließlich 14% Mehrwertsteuer (inklusive MwSt) 889,20 € aus.

Wie hoch ist der reine Rechnungsbetrag ohne Steuer?

Es entsprechen $\frac{114}{100}$ dem Betrag von 889,20 €.

Es entsprechen $\frac{100}{100}$ dem Betrag von $\frac{889,20}{114} \cdot 100 = 780,00$ €

$$+14\% = 109,20 €$$
$$= 889,20 €$$

Die Formel für den Prozentwert (P) in Abhängigkeit vom Prozentsatz ($p\%$) und dem Grundwert (G):

100% entsprechen G
$p\%$ entsprechen P $\qquad P = \frac{G \cdot p}{100} = \frac{G \cdot p\%}{100\%}$

Beispiel:

42% von 3,42 m sind $p = \frac{3,42 \cdot 42}{100} = 1,4364$

Also entsprechen 42% ungefähr 1,44 m.

Beispiele:

1. Es ist zu berechnen und sinnvoll zu runden:
   a) 12% von 348 €   sind 41,76 €.

   b) 18% von 13 km   sind   2,340 km.
   c) 22% von 9,286 kg   sind   2,043 kg.
   d) 24,5% von 1,68 t   sind   0,412 t = 412 kg.
   e) 64% von 3,21 m   sind   2,054 m = 205,4 cm = 2054 mm.

2. Der Lottogewinn von 32 180 € soll auf drei Spieler nach ihren Einsätzen (insgesamt 50 €) aufgeteilt werden.

   A hat 10 € bezahlt, A zahlt $\frac{10}{50} = \frac{1}{5} = 20\%$ ein und erhält 6 436,00 €.

   B hat 15 € bezahlt, B zahlt $\frac{15}{50} = \frac{3}{10} = 30\%$ ein und erhält 9 654,00 €.

   C hat 25 € bezahlt, C zahlt $\frac{25}{50} = \frac{1}{2} = 50\%$ ein und erhält 16 090,00 €.

   Summe: 100% entsprechen 32 180 €.

3. In einer Schule mit 346 Schülern kommen etwa
   a) 12% mit dem Fahrrad –   42 Schüler ,
   b) 37% mit dem Bus –   128 Schüler,
   c) 39% zu Fuß –   135 Schüler,

   der Rest wird von den Eltern mit dem Auto gebracht – 41 Schüler (12%).

EIN AUSLÄNDER (MAN BEGREIFE DIE IRONIE - ES IST EIN JAPANER) GEHT IN DEUTSCHE ELEKTRONIKMÄRKTE UND IST BEGEISTERT VON DEN COMPUTERN.

INZWISCHEN WIRD DER JAPANER IM MARKT MIT VIDEO UNTERHALTUNG HINGEHALTEN, BIS DANN DER FUTURISTISCH AUSSEHENDE COMPUTER VOM HERSTELLER EINTRIFFT.

DER VERKÄUFER MUSS GAR NICHTS ERKLÄREN, DENN DER COMPUTER SOLL EIGENTLICH AUF DIE GEDANKEN DES BENUTZERS REAGIEREN. ABER NOCH IST ER FERNGESTEUERT.

82

THEMATISCHE EINORDNUNG

Die Größe, auf die sich der Prozentsatz (*p* %) oder der Grundwert (*G*) bezieht oder mit dem er verglichen wird, ist der Prozentwert (*P*).
Der **Grundwert**, das ist die Grundlage der Prozentrechnung, wird **immer auf die Prozentzahl 100 bezogen.**
Demzufolge ergibt sich als Prozentwert des Prozentsatzes 100 % der Grundwert.
Diese Zusammenfassung enthält alles, was zur Prozentrechnung (Zinsrechnung) gebraucht wird.

Mit dem Dreisatz können Aufgaben der Prozentrechnung gelöst werden.

Beispiel:
erster Satz: 80 % sind 240,00 €
(zweiter Satz wird oft weggelassen: 1 % sind 3,00 €),
dritter Satz: 120 % sind 360,00 €

Wer sich an Algorithmen klammert und damit versucht, Probleme zu erfassen, deren Grundlagen nie verstanden wurden, der hat von vornherein wenig Chancen, ein praktisches Problem zu lösen.

Also:

1. aus dem Text herauslesen, dass der Prozentwert gesucht ist,

2. den Grundwert durch 100 teilen, um den Wert für ein Prozent zu bestimmen (auch Division durch 10, um den Prozentwert für 10 % zu bestimmen)

3. und mit dem Prozentsatz multiplizieren, um den gesuchten Prozentwert zu bestimmen.

ANZAHL DER SITZPLÄTZE

UND DIE MATHEMATIK IN DER GESCHICHT ...*

Bei arithmetischen Zahlenfolgen ist die Differenz zwischen zwei benachbarten Gliedern konstant (Wert d). Demzufolge lautet die rekursive Darstellung der Zahlenfolge:

$$x_{n+1} = x_n + d$$

die unabhängige Darstellung: $\qquad x_n = x_1 + (n-1)d$

die Summenformel für die ersten n Glieder:

$$s_n = \frac{n}{2}(x_1 + x_n)$$

Aus der **Stereometrica** des **Heron von Alexandria** (um 63 n. Chr.) sind folgende Aufgaben 42 und 43 entnommen: *„In einem Theater mit 280 Sitzreihen hat die unterste 120, die oberste 480 Sitze. Wie viele Sitze hat das Theater insgesamt?"*

Heron löste die Aufgabe folgendermaßen:

$$\frac{480 + 120}{2} \cdot 280 = 84\,000 \text{ Sitze}$$

Zwar gilt für die arithmetische Folge die Formel:

$$s_n = \frac{n}{2}(x_1 + x_2) = \frac{280}{2}(120 + 480)$$

doch muss die Folge auch arithmetisch sein!

Das bedeutet, dass der Abstand der Sitzzahlen zweier benachbarter Sitzreihen immer gleich ist!

Hier muss also die Zahl der Plätze von Reihe zu Reihe nach oben hin fortschreitend um eine konstante Zahl d wachsen.

$$x_2 = x_1 + d;\ x_3 = x_2 + d = x_1 + 2d \ldots$$

$x_{280} = x_1 + 279d$ mit $x_{280} = 480$ und $x_1 = 120$ wird

$$d = \frac{480 - 120}{279} = \frac{360}{279} \qquad \text{keine ganze Zahl.}$$

Also gibt es keine konstante Gliederfolge und es ist keine arithmetische Folge.

Die von Heron angegebene Anzahl, das heißt die Berechnung, ist **falsch**! Das muss Heron von Alexandria vor fast 2000 Jahren wohl auch aufgefallen sein!

Deswegen hat er sich in der folgenden Aufgabe auch besser an das Bildungsgesetz einer arithmetischen Folge gehalten und den konstanten Zuwachs mit jeweils fünf Sitzen (d) genau festgelegt. *„In einem Theater mit 250 Sitzreihen enthält die unterste 40 Sitze, jede höhere jeweils fünf Sitze mehr. Wie viele Sitze enthält die oberste Reihe?"*

$$n = 250 \qquad d = 5 \qquad x_1 = 40$$
$$x_n = x_1 + (n-1)\cdot d,\ x_{250} = 40 + 249 \cdot 5 = 1285$$

Die oberste Reihe hat 1285 Sitze. Das sind im Theater insgesamt:

$$s_{250} = \frac{250}{2}(40 + 1285) = \textbf{165\,625 Sitze}$$

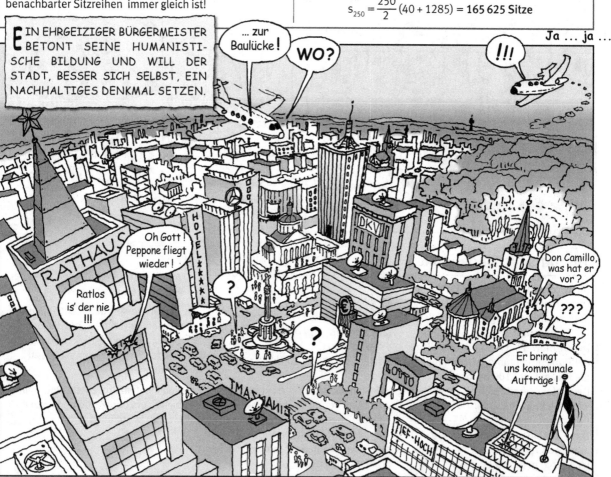

EIN EHRGEIZIGER BÜRGERMEISTER BETONT SEINE HUMANISTISCHE BILDUNG UND WILL DER STADT, BESSER SICH SELBST, EIN NACHHALTIGES DENKMAL SETZEN.

DIE BEAMTEN BEGINNEN NUN MÜHSAM ZU ZÄHLEN, UM DIE ANZAHL DER REIHEN ZU BESTIMMEN, DENN DIE SUMME ALLER PLÄTZE SOLL DIE ZAHL 1000 NICHT UNTERSCHREITEN.

ALSO: 1. REIHE: 1 PLATZ, 2. REIHE: 3 PLÄTZE – SUMME 4, 3.REIHE: 5 PLÄTZE – SUMME 9

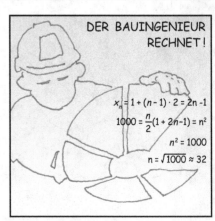

86

Thematische Einordnung

Zahlenfolgen sind spezielle Funktionen, deren Elemente so gebildet werden, dass den natürlichen Zahlen (der Nummer des Gliedes der Zahlenfolge) eine reelle Zahl zugeordnet wird (Glied der Zahlenfolge).
Endliche Zahlenfolgen können durch ihre Glieder in einer Wertetabelle angegeben werden.
In der Infinitesimalrechnung sind unendliche Zahlenfolge sehr wichtig.
Die Glieder der Zahlenfolge können

a) unabhängig von den anderen Gliedern durch eine analytische Vorschrift (Funktionsgleichung) berechnet werden, indem die Gliednummer n in die unabhängige Darstellung eingesetzt wird,

b) in Abhängigkeit von gegebenen oder bereits berechneten Gliedern der Zahlenfolge berechnet werden – rekursive Darstellung der Funktion.

Arithmetische Zahlenfolge:
zu a) $x_n = x_1 + (n-1)d$
Wenn das erste Glied (x_1) den Wert 8,2 und die Differenz $d = -0,8$ beträgt, dann ergibt sich für $n = 12$ der Wert des 12. Gliedes der Zahlenfolge zu
$x_{12} = 8,2 + (12-1)(-0,8)$
$x_{12} = 8,2 - 8,8 = -0,6$.

zu b) Wenn das erste Glied einer arithmetischen Zahlenfolge (x_1) 5,12 € lautet und $d = 1,12$ € beträgt, dann hat das zweite den Wert $x_2 = 5,12 + 1,12 = 6,24$ €.

Arithmetische Zahlenfolgen sind monoton fallend, wenn d kleiner als null ist, sind monoton wachsend, wenn d größer als null und konstant, wenn d gleich null ist.

Dass die unabhängige Darstellung der Formel zur Berechnung von x_n und auch die Summenformel zur Berechnung von s_n gültig ist, kann durch vollständige Induktion bewiesen werden.

SOLDZAHLUNG IN GEOMETRISCHER FOLGE

UND DIE MATHEMATIK IN DER GESCHICHT ...*

Ein Schüler macht seiner Mutter vor der Klassenfahrt den folgenden Vorschlag: „*Gib mir statt 50€ für den ersten Tag nur einen Cent, für den zweiten Tag zwei Cent, für den dritten vier Cent und für jeden weiteren Tag das Doppelte des Vortages!*"

Ist der Vorschlag bei vierzehn Tagen Abwesenheit gut – sicher, nur für wen?

1. Wie hoch ist der Tagesbetrag am vierzehnten Tag?
2. Wie hoch ist der Gesamtbetrag nach vierzehn Tagen?

Eine Zahlenfolge, bei welcher der Quotient aus zwei aufeinanderfolgenden Gliedern stets konstant ist (q), ist eine geometrische Zahlenfolge:

$$\frac{x_{n+1}}{x_n} = q \qquad x_{n+1} = q \cdot x_n$$

Dies ist die rekursive Darstellung, bei der die Glieder der Zahlenfolge aus gegebenen oder bereits berechneten bestimmt werden – hier x_n. Die unabhängige Darstellung der geometrischen Folge lautet:

$$x_n = x_1 \cdot q^{n-1}$$

und die Summe der ersten n aufeinanderfolgenden Glieder:

$$s_n = x_1 \frac{q^n - 1}{q - 1} = x_1 \frac{1 - q^n}{1 - q} \quad \text{für} \quad q \neq 1$$

Bei der geometrischen Zahlenfolge sind die fünf Größen q, x_1, x_n, n, s_n für die Berechnung von Bedeutung.

Es stehen allerdings nur zwei voneinander unabhängige Gleichungen zur Verfügung.

Drei Größen müssen in der Regel aus dem vorgegebenen Aufgabentext entnommen werden.

Lösung:

Das Geschäft ist für die Mutter nicht gut!

Hätte sie die Episode um den Erfinder des Schachspieles gekannt, der von seinem König für das erste Spielfeld ein Korn und für jedes weitere die doppelte Anzahl des vorangegangenen gewünscht hatte, dann wäre sie bestimmt gewarnt gewesen!

Es handelt sich um eine geometrische Zahlenfolge mit

$$q = 2 \text{ (Verdopplung)}.$$

Am vierzehnten Tag bekommt der liebe Sohn:

$$x_{14} = q^{13} \cdot x_1 \ (x_1 = 1\text{ct.})$$
$$x_{14} = 8192 \text{ ct.} = 81,92€ > 50,00€ \ (!)$$

Das ergibt für vierzehn Tage eine Summe von

$$s_{14} = x_1 \frac{q^n - 1}{q - 1} = 1 \cdot \frac{2^{14} - 1}{2 - 1} = 16383 \text{ ct} = 163,83€ > 50€$$

Also einen Mehrbetrag von 113,83€ bei dem so bescheiden klingenden Angebot des Knaben!

ZWEI STUNDEN SPÄTER

ALLE REKRUTEN STEHEN IN UNIFORM VOR DEM „SPIESS" UND VERSUCHEN SICH ZU ORIENTIEREN.

Angetreten!

Ja, ja ...

Hä?

Ehhh! Der hat 'ne Kutte an!

Na und!

Gähn ...

Was ist los?

Das gibt sicher Trouble!

Soldat zu mir! Zehn Liegestütze wegen dem Parka!

Häää ... Warum denn ich?

Und Herr bitte!

SO VERGEHEN DIE ERSTEN TAGE MIT DIVERSEN „KATAS-TROPHEN" BEI DER AUSBILDUNG DES REKRUTEN.

Und dafür fünfzig!

Und für alle **zehn Liegestütze extra!**

Leute, das haben wir nur dem Kumpelan-scheißer zu verdanken! **Penner der ...**

DER SPIESS IST GENERVT, DOCH VON SEINEN METHODEN BEI DER AUSBILDUNG IST ER NOCH ÜBERZEUGT.

BOING!

Wieso?

Blöd-mann!

WIE BITTE!?

Beim täglichen Exerzieren ...

!!! rechtsum !!!

Tag Herr Haupt-mann.

und beim Grüßen ...

KLICK

Häää, wie lange soll ich noch zählen?

Beim Handgranaten werfen ...

Angetreten! SOLD – ZAHLUNG.

250,- € Monatssold für die vier Wochen.

Ich verzichte auf mein Sold, wenn ...

Was? wenn ...

... wenn Sie im Gegenzug folgenden Vorschlag annehmen:

THEMATISCHE EINORDNUNG

Eine Zahlenfolge ist eine Funktion, die einer natürlichen Zahl n eine Zahl, die als Folgenglied x_n bezeichnet wird, zuordnet.

Der Definitionsbereich ist die Menge der natürlichen Zahlen oder eine Teilmenge davon. Eine spezielle Folge ist die **geometrische Folge**

$$\frac{x_{n+1}}{x_n} = q.$$

Der Quotient zwischen zwei benachbarten Gliedern ist konstant (q).

Es folgt daraus die rekursive Darstellung der Glieder einer geometrischen Folge:

$$x_{n+1} = q \cdot x_n$$

Die unabhängige Darstellung (Darstellung, aus der bei Vorgabe der Gliednummer (n) unabhängig von anderen Werten der Folge ein beliebiges Folgeglied berechnet werden kann):

$$x_n = x_1 \cdot q^{n-1}$$

Die Summe der ersten n Glieder einer geometrischen Folge berechnet sich nach der Formel:

$$s_n = x_1 \frac{q^n - 1}{q - 1} \qquad \text{mit } q \neq 1.$$

STEUERN FÜR DEN PHARAO ODER DIE BÜRGER

UND DIE MATHEMATIK IN DER GESCHICHT ...*

Unter Pharao **Amenemhet III** (1842–1794 v. Chr.) gab es eine amtliche Behörde, die den höchsten Nilstand (maximalen Nilpegel) zum Zeitpunkt der Nilüberschwemmung maß. War dieser hoch, dann wurde viel fruchtbarer Boden aus dem Süden angeschwemmt, und es war eine gute Ernte zu erwarten.

Es konnte dann ein hoher Steuersatz festgesetzt werden:

> h: Nilwasserhöhe
> s: Steuerhöhe
> $s = f(h)$

Blieb die Nilüberschwemmung einmal aus, so wurde nur ein pauschaler Grundsteuersatz erhoben, denn auch in diesen Jahren benötigte der Staat Geld.

Es wurde also zunächst aus der Höhe des Nilpegels eine eindeutige Ernteerwartung berechnet:

> $e = f_1(h)$

Die Höhe der Ernte war dann die Grundlage für den zu entrichtenden Steuerbetrag:

> $s = f_2(e) = f_2(f_1(h))$

Somit hing die Steuer **mittelbar** von der Wasserhöhe und der Erntebetrag **unmittelbar** von der Wasserhöhe ab.

Die so berechnete Steuer ist eine **mittelbare**, die Ertragshöhe eine **innere** und die Steuerhöhe eine **äußere Funktion**.

1. Funktion (direkt):

> $y = f(x)$, d.h.
> $$x \in X \xrightarrow{f} y \in Y$$

Einem x aus dem **Definitionsbereich X** wird eindeutig ein y des **Wertebereichs Y** zugeordnet.

2. Funktion (mittelbar):

> $s = f_2(f_1(h))$, d.h.
> $$h \in H \xrightarrow{f_1} e \in E \xrightarrow{f_2} s \in S$$

Einem maximalen Pegelstand h wird eindeutig ein Ernteertrag e (nach Erfahrung) und diesem eindeutig eine Steuerhöhe s (nach Festlegung) zugeordnet.

Eine Funktion kann auch in Parameterdarstellung festgelegt werden. Dabei wird einem Wert aus dem Parameterbereich eindeutig eine x- und eine y-Variable zugeordnet.

Irre, ein i-Pod kostet inklusive Mehrwertsteuer 348 Pfund.

Ja, ja ... Die vier Prozent mehr machen gleich mal 12 Pfund mehr.

Hmm ... 2000 Piaster

300 Pfund + 16% MwSt. = 348 Pfund

Wir Fremdenführer brauchen doch einen iPod und fragen uns nun, wieso der plötzlich 12 Pfund mehr wert sein soll!

300 Pfund + 20% MwSt. = 360 Pfund

Steuern und ihre Erhöhungen halfen dem Staat schon vor über 4000 Jahren.

DIE GESCHICHTE DER TEMPEL UND GRABMALE VON LUXOR.

... technisch unverändert. Was könnte also den Mehrwert ausmachen?

Heee ... Die Dinger wurden bereits vorher produziert.

... wir Finanzbeamten, äh ...

Abzocke!

Na und ...

Hi, hiii!

DIE BÜRGER SIND NUN WÜTEND UND VERZICHTEN KÜNFTIG AUF NEUANSCHAFFUNGEN.

FINANZAMT

Erklärung! Unsere Kasse ist leer. Wir benötigen die höheren Steuereinnahmen.

Man muss etwas mit Steuern belegen, worauf die Bürger nicht ...

... verzichten können!

FINANZMINISTER

IM MINISTERIUM WIRD BERATEN ...
UND BERATEN UND BERATEN.

Ihre Vorschläge bitte!

Fix, oder wie immer?

Naja ... Luft kann man an-halten ...

Luft versteuern! Prädikat „lebenswichtig."

Quatsch, dann müssten die sterben!

Blödsinn! Dann haben wir keine Steuern.

DIE FINANZBEAMTEN BIS AUF EINEN, DER LIEBER HISTORIKER GEWORDEN WÄRE, SEHEN EIN, DASS LUFTSTEUER KEINE LÖSUNG IST.

... und nu?

Still, lass ihn reden!

Wir sollten zurücksehen.

Jetzt reicht's aber!

The history of NILE

Blicken wir doch mal 4000 Jahre zurück ...

AMENEMHET III. HATTE BEAMTE, DIE DEN WASSERSTAND DES NILS BESTIMMTEN UND DARAUS DIE STEUER-SCHULD DER BÜRGER ERMIT-TELTEN.

Bereits,

... vor rund 4000 Jahren wussten meine Vorfahren: Hat der Nil viel Wasser, bringt er fruchtbaren Schlamm ...

... und der Pharao wusste: Gute Ernte, da ist Geld bei den Steuerpflichtigen. Also holt man es !!!

THEMATISCHE EINORDNUNG

Das alte Mathematikbuch, welches von einem Schreiber (*Ahmes*) kopiert wurde, stammt aus der Zeit des Königs **Amenemhet III.** (1842–1794 v. Chr.). Dieser altägyptische Pharao war ein sehr kluger Herrscher. Er forderte grundsätzlich nur so viele Steuern von seinen Bürgern, wie diese auch bezahlen konnten.

Im alten Ägypten lebte der Staat von der Getreideernte, deren Ertrag von den jährlich wiederkehrenden Nilüber-schwemmungen abhing. Der Nil, damals wie heute die Lebensader in Ägypten, brachte den fruchtbaren Schlamm, der die Ernte sicherte, nahm aber auch alle Feldmarken mit, sodass eine ständige Neuvermessung der Feldflächen erforderlich wurde.

Das war aber auch ein Anreiz für die Weiterentwicklung der Mathematik. Selbst der nach Pythagoras benannte Satz muss schon bekannt gewesen sein, denn wie sonst hätte ein rechter Winkel exakt abgesteckt werden können?

Eine Funktion ist eine Menge von geordneten Paaren $(x;y)$, wobei einem x-Wert aus dem Definitionsbereich ein y-Wert aus dem Wertebereich eindeutig zugeordnet wird.

Bei einer mittelbaren Funktion wird y zwar auch durch den Wert von x bestimmt, jedoch ist letzterer nicht mehr unabhängig aus dem Definitionsbereich zu wählen, sondern wird seinerseits in Abhängigkeit von dem Wert einer Veränderlichen t bestimmt

(Steuerhöhe wird bestimmt durch den Ernteertrag, der von der Höhe der Nilüberschwemmung abhängt).

BERECHNUNG EINES WASSERSTRAHLS

Und die Mathematik in der Geschicht ...*

Ein Wasserstrahl beschreibt eine ballistische Kurve oder unter Vernachlässigung des Luftwiderstandes eine nach unten geöffnete Parabel. Die Parabelachse ist vom Erdmittelpunkt weg gerichtet und steht senkrecht auf dem Erdboden. Dabei kann angesichts der geringen Reichweite eines Wasserstrahls die Erdoberfläche als Gerade angenommen werden. Bei einer interkontinentalen Rakete wäre diese Annahme sicher nicht mehr zulässig!

Frage:
Wie heißt die Gleichung und wie sieht der Graph der Wurfparabel aus, wenn das Wasser anderthalb Meter über dem Boden aus der Öffnung des waagerecht gehaltenen Schlauches ausströmt und auf dem Boden eine horizontale Entfernung von fünf Meter erreicht?

Ansatz der Funktionsgleichung:

$y = -ax^2 + b$ ist eine nach unten geöffnete
Parabel für $a > 0$ mit waagerechter Tangente bei $x = 0$

$x = 0 \qquad y = 1{,}5$ (Höhe der Schlauchöffnung)

$y = 0 \qquad x = 5$ (Spritzweite)

Mit $y(0) = 1{,}5 = 0 \cdot x^2 + b$ folgt: $b = 1{,}5$

Mit $y(5) =$ folgt:

$0 = -25a + 1{,}5$

$\Rightarrow a = \dfrac{3}{50}$

Also ergibt sich die Funktionsgleichung:

$$y = -\frac{3x^2}{50} + 1{,}5 \quad \text{für } 0 \leq x \leq 5$$

Graphik der Kurve:

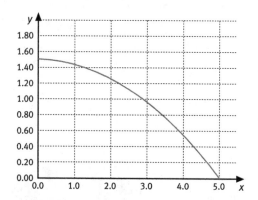

Wenn der Schlauch nicht waagerecht gehalten wird, lautet der Ansatz $y = -ax^2 + bx + c$

*quadratische Funktionen als Parabel

THEMATISCHE EINORDNUNG

Der griechische Philosoph **Aristoteles** (384–322 v. Chr.) vertrat die Meinung, dass sich die Bahnen von geworfenen Körpern aus Geraden und Kreisstücken zusammensetzen lassen.

Diese Grundlage der Lehre von den Bewegungen (Kinematik) galt bis zur Neuzeit.

Erst **Galilei** (1564–1642) hat 1609 erkannt, dass die Bahnen als „(Wurf-) Parabeln" zu beschreiben sind, allerdings nur unter der Voraussetzung,

dass der Luftwiderstand unberücksichtigt bleibt.

Auf dem Mond entstehen demzufolge ideale Parabeln. Wegen der geringeren Anziehungskraft des Mondes beträgt die Wurfweite zudem noch mehr als das Sechsfache der Weite, die auf der Erde mit der gleichen Kraft erreicht wird. Bei Berücksichtigung des Luftwiderstandes entstehen ballistische Kurven, die nicht die Symmetrie der Parabel haben, aber recht gut geeignet sind, um die Bahn eines Balls zu beschreiben.

Die Erkenntnis, dass sich die Flugbahnen als Parabeln darstellen lassen, wurde von **Bonaventura Francesco Cavalieri** (1598?–1647), einem Schüler von Galilei, veröffentlicht.

In seinem Werk „Der Brennspiegel oder Abhandlung über die Kegelschnitte" stellt er die Wurfparabel vor. Galilei gibt den Sachverhalt in seinem Werk „Untersuchungen und mathematische Demonstrationen über zwei neue Wissenszweige, die Mechanik und die Fallgesetze betreffend" an, welches allerdings erst 1638 in Leiden erschienen ist.

WACKELNDE TISCHE

UND DIE MATHEMATIK IN DER GESCHICHT ...*

Vier Beine eines Tischs bilden die Ecken eines Rechtecks. Sind sie alle gleich lang und ist der Fußboden eben, dann wackelt der Tisch nicht.

Was passiert aber, wenn mindestens ein Bein länger oder kürzer als die anderen ist? Dann geht die Wackelei los. Ist rechts vorn das kurze Bein, legt man einen Bierdeckel unter, in der Hoffnung, dieser möge das fehlende Stück ausgleichen. Stattdessen könnte man aber auch die drei längeren Beine reihum absägen.

Am sichersten wäre allerdings, ein Bein ganz zu beseitigen. Wenn wenigstens die restlichen drei Beine die gleiche länge haben, ist die Tischplatte dann sogar gerade – und der Tisch wackelt nicht. Denn ein dreibeiniger Tisch kann gar nicht wackeln. Allerdings sollten Sie sich davor hüten, die frei hängende Ecke des Tischs zu belasten. Dann wackelt zwar nichts, aber das Ganze kippt um.

Die drei Endpunkte der Beine legen eine Ebene fest, die zwar schief zum Fußboden verlaufen kann, aber niemals „wackelt".

1. Eine Ebene ist durch drei Punkte im Raum festgelegt (Ausnahme: sie liegen alle auf einer Geraden). Ein vierter Punkt (das Ende des vierten Tischbeins) liegt entweder in dieser Ebene (dann wackelt der Tisch nicht) oder über bzw. unter dieser Ebene. „Unter der Ebene" bedeutet hier, das vierte Bein ist zu lang, „über der Ebene" bedeutet, man muss dem vierten Bein etwas unterlegen. Kommt ein vierter Punkt hinzu, der nicht in der von den drei Punkten gebildeten Ebene liegt, so kann nun ein beliebiger Punkt von den vieren ausgewählt werden und als Ausgangspunkt für drei Vektoren (Pfeile) genommen werden.

   Die drei Pfeile, von denen jeweils nur zwei in einer Ebene liegen und ihren Endpunkt in den drei restlichen Punkten haben, bestimmen einen Körper.

   Dieser Körper wird als Parallelepiped (Spat, Parallelflach oder Parallelotop) bezeichnet.

   Er wird von in parallel liegenden Ebenen durch gegenüberliegende kongruente Parallelogramme begrenzt.

2. Eine Ebene ist auch durch eine Gerade (oder Strecke) und dazu einen Punkt bestimmt, der nicht auf dieser Gerade liegt.

3. Haben je zwei von vier Beinen dieselbe Länge, dann steht der Tisch fest (allerdings nicht unbedingt gerade), wenn sich die Beine gleicher Länge jeweils an benachbarten Ecken befinden, also zwei parallele Geraden festlegen. Liegen die Beine mit gleicher Länge an den Endpunkten der beiden Diagonalen, dann fängt die Wackelei sofort an.

*drei Punkte im $\mathbb{IR}^3$ bestimmen eine Ebene

THEMATISCHE EINORDNUNG

Nun ist Mathematik nicht unbedingt Rechnen, und Geometrie nicht unbedingt Zeichnen. Geometrie ist ein Teilgebiet der Mathematik, genau wie Arithmetik oder Algebra.

Geometrie kommt aus dem Griechischen und bedeutet Erdvermessung.

Bereits im alten Ägypten betrieb man Erdvermessung, denn die fruchtbringenden Nilüberschwemmungen brachten nicht nur den Schlamm als Dünger für die Felder, sondern nahmen auch die Feldbegrenzungen mit, so dass eine Neubestimmung der Feldgrenzen erforderlich wurde. Geometrische Kenntnisse waren notwendig, um die Pyramiden zu bauen, auch die Zeitmessung kam nicht ohne aus.

Im antiken Griechenland wurden Probleme der Algebra bevorzugt auf geometrischem Wege gelöst.

Euklid von Alexandria (um 200 v. Chr.) demonstriert das in seinen *Elementen der Geometrie*, in denen er vor mehr als zweitausend Jahren einen systematischen Aufbau der Geometrie darstellt und konsequent anhand von Postulaten (Axiomen) – Voraussetzungen – Behauptungen – Beweisen beschreibt.

Die Vereinigung von Algebra und Geometrie wurde erst durch **René Descartes** (1596 – 1650) in seinem Werk *La Géometrie* vollzogen, welches 1637 erschien und mit der analytischen Geometrie geometrische Probleme auf algebraische zurückführte.

SILHOUETTEN SIND DEM ORIGINAL ÄHNLICH

UND DIE MATHEMATIK IN DER GESCHICHT …*

An eine schräge Projektionswand soll ein Bild so projiziert werden, dass es im angegebenen Bereich liegt.

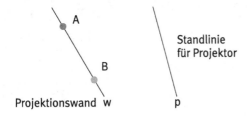

Standlinie für Projektor

A

B

Projektionswand w   p

1. Zunächst ist der Mittelpunkt der Strecke $\overline{AB}$ durch Halbierung zu bestimmen.
   Geometrische Grundkonstruktion: **Halbierung einer Strecke.**
   Um die Punkte A und B werden Kreislinien mit einem Radius gezogen, der die halbe Länge der Strecke $\overline{AB}$ übertrifft.
   Der Schnittpunkt der Geraden w mit der Verbindungsgeraden der Kreisschnittpunkte ist der gesuchte Mittelpunkt M.

2. Die bislang festgelegten Hilfslinien gestatten es bereits, die Aufgabe zu lösen.
   (siehe 1.).
   Wird die Strecke $\overline{MS}_2$ über S_1 hinaus verlängert und der Schnittpunkt mit p bestimmt, so liegt der Punkt fest, in dem der Projektor angebracht werden muss.

Das Bild wird allerdings nach beiden Seiten verzerrt – von M aus zwar gleichmäßig, jedoch umso stärker, je näher sich die abgebildeten Objekte am Rand befinden.

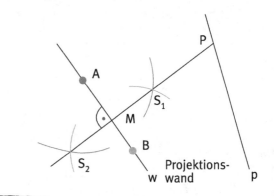

P

A

S_1

M

B

S_2

Projektions-
w   wand   p

DER FRANZÖSISCHE HOF UNTER LUDWIG XVI. BEFINDET SICH IN EINER UNHEILVOLLEN LAGE. DIE FINANZEN SIND ZERRÜTTET UND DER SCHULDENBERG WÄCHST UND WÄCHST …

Mehr Geld drucken!

Staatsanleihen!

Der Adel zahlt keine Steuern und droht nach dem noch nicht existierenden Monaco abzuwandern.

Die Lilie hängt.

Der Finanzminister soll es richten!

* Ähnlichkeit als Grundlage der darstellenden Geometrie

101

...UND ERNENNT ETIENNE DE SILHOUETTE ZU SEINEM FINANZ-MINISTER.

DIESES AMT NIMMT DER AUCH AN UND SCHAFFT ALS ERSTES EINMAL NEUE ARBEITSPLÄTZE, INDEM ER VON ALLEN BÜRGERN FRANKREICHS EINE KLARE SILHOUETTE ANFERTIGEN LÄSST UND ARCHIVIERT.

ZUERST WERDEN DIE HÜTE ABGELEGT. DANN RÜCKT MAN IMMER NÄHER AN DEN SCHIRM. DOCH KLEINER ALS DIE ORIGINALGRÖSSE DES KOPFES WIRD DER SCHATTENRISS NIEMALS.

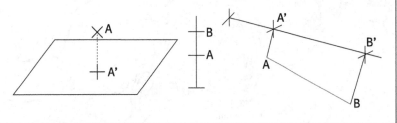

THEMATISCHE EINORDNUNG

Die darstellende Geometrie als ein Teilgebiet der Geometrie hat die Aufgabe, Raumgebilde (also räumliche Gegenstände) nach Gestalt, Größe und Lage zeichnerisch in der Ebene darzustellen.

Eine Anwendung ist beispielsweise die Erstellung von Konstruktionsunterlagen für technische Geräte oder von Bauunterlagen.

Das Beschäftigen mit der darstellenden Geometrie schult das räumliche Vorstellungsvermögen.

Es gibt die Projektion des räumlichen Objektes in eine (Eintafelprojektion) oder in mehrere Tafeln (Zwei- oder Dreitafelprojektion).

Eintafelprojektion: Dem Raumpunkt A entspricht der Bildpunkt A' – er entsteht, indem das Lot von A aus in die

Projektionsebene fällt. Ist den Bildpunkten (Spurpunkten der Geraden) A' und B', die auf einer Geraden liegen, ein Maßstab beigefügt, so kann die wahre Länge der Strecke $\overline{AB}$ durch das **Umklappverfahren** bestimmt werden.

SCHWERPUNKT UNSERER WELTPROBLEME

UND DIE MATHEMATIK IN DER GESCHICHT ...*

„Versucht es", meint der Mathematiklehrer.

Es wird ein beliebiges Dreieck auf Karton gezeichnet, ausgeschnitten, auf einen spitzen Bleistift gelegt und fällt beim ersten Versuch herunter. Auch bei den nächsten Versuchen bleibt es nicht in der Balance. Immer wieder probieren es die Schüler.

Die Versuche enden damit, dass das Dreieck nicht „ins Wasser", sondern auf den Boden des Klassenraumes fällt. „Was soll aus euch werden", fragt der Lehrer in den Raum. „Keine Artisten", antworten die Schüler.

Doch darauf geht der Lehrer gar nicht ein und setzt seine Trauerrede fort: „Was würde denn werden, wenn ihr eine Brücke oder ein Hochhaus bauen sollt?" „Da kann man doch auch nicht so viele Versuche durchführen, wenn man immer nur Trümmerhaufen beseitigen muss."

Das zieht einfach nicht bei den Schülern.

Doch ist die Neugier sofort geweckt, als die Schüler sehen: Dem Lehrer gelingt es auf Anhieb.

Sie schauen auf das Dreieck aus Pappe und bemerken, dass auf der einen Seite mit Bleistift zwei Linien markiert sind. Es sind diese Linien, die sich in einem Punkt schneiden, die Schwerelinien des Dreiecks.

Wird die Bleistiftspitze im Schwerpunkt

angesetzt, dann bleibt das Dreieck beim ersten Versuch in der Balance. Die Schwerelinie auf der Seite a halbiert die Seite mit den Eckpunkten B und C und geht durch den gegenüberliegenden Dreieckseckpunkt A.

Da auf jeder Seite oder durch jeden Eckpunkt des Dreiecks eine Schwerelinie konstruiert werden kann, gibt es drei Schwerelinien im Dreieck.

Bei der Konstruktion des Schwerpunktes eines Dreiecks genügt es, zwei Schwerelinien zu bestimmen – der Schnittpunkt dieser Linien ist der Schwerpunkt.

Geht die dritte Schwerelinie nun durch den Schnittpunkt der beiden ersten (Probe), dann kann das als Kontrolle der Konstruktion gelten.

Schwerelinien werden durch den Schwerpunkt im Verhältnis $1 : 2$ geteilt, wobei der größere Abschnitt vom Schwerpunkt zur Ecke des Dreiecks zeigt:

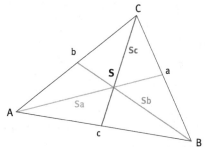

EINE POLITIKERIN HÄLT EINE, WIE SIE MEINT, GRUNDSATZREDE ZUR ENTWICKLUNG DES KLIMAS AUF UNSERER ERDE, DIE SIE ALS SEHR BEÄNGSTIGEND EINSCHÄTZT.

Es ist fünf vor Zwölf, um eine weitere Verschlechterung der Situation abzuwenden!

Häää? Fünf vor ... ?

FÜNF NACH ZWÖLF!

... ach 'ne Kleinigkeit ...

Von wegen! Prost Mahlzeit ...

Naja, wer zu spät kommt etc. ...

* Schwerpunkt des Dreiecks

105

THEMATISCHE EINORDNUNG

Eine Gerade, die durch eine Ecke und den Mittelpunkt der gegenüberliegenden Seite eines Dreiecks geht, ist eine Seitenhalbierende dieses Dreiecks.

Da ein Dreieck drei Seiten besitzt, hat es auch drei Seitenhalbierende.

Die drei Seitenhalbierenden schneiden sich in einem Punkt im Innern des Dreiecks. Dieser Punkt ist der **Schwer**punkt des Dreiecks. Die Seitenhalbierenden werden als die **Schwerelinien** bezeichnet.

Es genügt, zwei Schwerelinien zu konstruieren, um durch deren Schnittpunkt den Schwerpunkt des Dreiecks zu bestimmen. Dazu wird die Dreieckseite halbiert:

1. Um die beiden Eckpunkte wird ein Kreis mit einem festen Radius gezogen, der größer ist als die halbe Länge der Seite – die Schnittpunkte der beiden Kreise werden verbunden – dort, wo diese Verbindungslinie die Dreieckseite schneidet, ist der Mittelpunkt der Seite.

2. Dieser Mittelpunkt wird mit der gegenüberliegenden Ecke des Dreiecks verbunden.

BAUEN MIT PYTHAGORAS

UND DIE MATHEMATIK IN DER GESCHICHT ...*

Umkehrung des Satzes von Pythagoras:

Wenn das Quadrat über der Hypotenuse gleich der Summe der Quadrate über den Katheten ist, dann liegt der Hypotenuse des Dreiecks ein rechter Winkel gegenüber.

Wären die Kanten der Steinquader, aus denen die Pyramiden im alten Ägypten bestehen, nicht genau rechtwinklig behauen gewesen, dann hätten sie bei so vielen Schichten den Zusammenhalt verloren. Die Theorie, man hätte die Steinquader mit Ochsenblut zusammengeklebt, scheitert wohl daran, dass mindestens hundert Ochsen übrig bleiben mussten, die Pythagoras den Göttern opferte.

Wie kann nun ein exakter rechter Winkel abgesteckt werden?

1. Eine Schnur wird durch Knoten in zwölf gleiche Abschnitte geteilt. Dabei ist es völlig gleich, ob die Abstände in Fuß, Ellen oder Metern gemessen werden – sie müssen nur gleich lang sein.

2. Die Länge von vier Knoten wird dann in einer beliebigen Richtung ausgelegt – vielleicht in der Richtung einer zu errichtenden Hausfront.

3. Zum Schluss wird die Strecke mit drei Knoten so lange verändert, dass der Rest der Leine bis zum zwölften Knoten auf den zuerst gelegten Knoten des Seiles passt.

zu 1.   zu 2.   zu 3.

Auf solche Weise entsteht ein rechter Winkel in der Ecke, die der Seite mit den fünf Knoten gegenüberliegt, da

$$5^2 = 3^2 + 4^2.$$

Dieses wussten mit Sicherheit die Babylonier, die Ägypter bei der Neuvermessung ihrer Feldgrenze, die durch die fruchtbringenden Nilüberschwemmungen immer wieder neu eingemessen werden mussten, und es wissen heute auch die Leute vom Bau, die 40 cm nach rechts oder links, 30 cm nach unten oder oben messen und die Diagonale mit 50 cm einstellen, damit die Ecken der Häuser einen Winkel von 90° miteinander bilden.

Ob sie allerdings den oder einen anderen der über hundert Beweise des Satzes von Pythagoras kennen, ist fraglich und insbesondere unwichtig für das Gelingen ihres Vorhabens.

AUF DER GRÜNEN WIESE PLANT MAN EIN SPASSBAD ZU BAUEN. ALS ERSTES WIRD FÜR DAS-50-METER-BECKEN DIE GRUBE AUSGEHOBEN. 2,50 METER TIEF, MIT EINER GERADEN SEITENWAND.

... wat is los ? Herr Bauamtleiter, ham'se Fragen ?

Soll die Oberfläche des Beckens ein Quadrat werden, ein Rechteck oder gar ein Parallelogramm **?**

Sie Witzbold! 50 mal 25 Meter.

Diese Fläche ist als Parallelogramm oder als Rechteck realisierbar!

UND WINKLIG

Ein Parallelogramm ist ein spezielles Rechteck – aber was macht es so speziell? Das ist doch der **dritte Winkel** des Beckens !!!

RECHTE WINKEL

SPITZE WINKEL

UND STUMPFE WINKEL

Die Seiten eines Rechtecks aber müssen an jeder Ecke einen rechten Winkel bilden. **So is' das !!!**

ALLES RECHTE WINKEL

NATÜRLICH WILL DER BAUHERR KEINE VERSCHOBENEN RECHTECKFLÄCHEN.

Bleibt inne Hose Leute! Den Winkel hab ick mit dem „Zwölferseil" festgelegt.

Sieht so aus,

als hätten sie sich bereits vom rechten Winkel entfernt.

Det haben die alten Griechen schon gemacht!

DESHALB PRÜFEN!

BEI EINEM RECHTEN WINKEL GILT, WAS DER PYTHAGORAS SCHON VOR 2500 JAHREN BESTIMMT HAT!

Straff, straff und dreimal straff !!!

Richtschnur

Maßschnur

DREIECKE MIT SCHENKELLÄNGEN IM VERHÄLTNIS 5/4/3 SIND IMMER RECHTWINKLIG

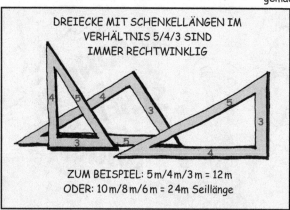

ZUM BEISPIEL: 5 m/4 m/3 m = 12 m
ODER: 10 m/8 m/6 m = 24 m Seillänge

Das Rechteck unterscheidet sich vom Parallelogramm dadurch, dass sich bei Ersterem die beiden Diagonalen im Schnittpunkt halbieren.

Diagonalen ziehen heißt nach Pythagoras den Wert von $\sqrt{50^2 + 25^2}$ ausmessen.
Ergibt: 55,902 m

THEMATISCHE EINORDNUNG

Pythagoras von Samos (um 580 – 496 v. Chr.) wird die Entdeckung des Zusammenhangs zwischen den Flächen über den Seiten eines rechtwinkligen Dreiecks zugeschrieben. Klar ist, dass dieser Satz von großer Bedeutung für die Geometrie ist.

Wer Pythagoras aber war, das ist heute unklar. Es werden viele Legenden über ihn erzählt. Beispielsweise sollen alle Ochsen zittern, wenn etwas Neues entdeckt wird, denn Pythagoras soll seinen Göttern tausend Ochsen geopfert haben, aus Dankbarkeit dafür, dass er den Satz entdeckt hat.

Albert von Chamisso, ein deutscher Dichter und Naturforscher (1781 – 1838), dichtete über Pythagoras das Sonett, in dem es aber nur noch um hundert Ochsen geht:

„Die Wahrheit, sie besteht in Ewigkeit, wenn erst die blöde Welt ihr Licht erkannt:

der Lehrsatz nach Pythagoras benannt, gilt heute, wie er galt zu seiner Zeit.

Ein Opfer hat Pythagoras geweiht den Göttern, die dem Lichtstrahl ihm gesandt; es tat kund, geschlachtet und verbrannt, ein Hundert Ochsen seine Dankbarkeit.

Die Ochsen seit dem Tag, wenn sie wittern, dass eine neue Wahrheit sich enthülle, erheben ein unmenschliches Gebrülle;

Pythagoras erfüllt sie mit Entsetzen;

und machtlos, sich dem Licht zu widersetzen, verschließen sie die Augen und erzittern. "

Sicher ist allerdings, dass der nach Pythagoras formulierte Satz bereits zwei Jahrtausende vor Pythagoras von den Babyloniern genutzt wurde, um Berechnungen für ihre Bauten durchzuführen.

Die Pyramiden im antiken Ägypten wären ohne diese Erkenntnis sicher auch nicht in einer solchen Höhe aufgetürmt worden!

DIE ANZAHL DER ELEMENTE EINES HAUFENS IST VARIABEL

UND DIE MATHEMATIK IN DER GESCHICHT ...*

Der vom schottischen Käufer **Rhind** erworbene und nach ihm benannte **Papyrus** enthält mehrere Aufgaben.

Entstanden ist der Papyrus im alten Ägypten unter der Herrschaft des Königs **Amenemhet III.** im Jahr 1250 vor Chr.

Aufgabe:
Ein Haufen, seine Hälfte zu ihm, er macht 16.
Wie groß ist der Haufen?

Lösung: Ein Haufen sind zwei halbe Haufen. Dazu kommt ein weiterer halber Haufen, was zusammen drei halbe Haufen ergibt. Wenn drei halbe Haufen sechzehn ergeben, dann ist ein halber Haufen ein Drittel von sechzehn. Ein ganzer Haufen ist aber das Doppelte von dem halben Haufen, also zweiunddreißig Drittel.

Probe: Wenn zweiunddreißig Drittel ein ganzer Haufen sind und ein halber Haufen sechzehn Drittel, so ergeben sie zusammen genommen achtundvierzig Drittel oder sechzehn Ganze.

Wird die Größe eines unbekannten oder gesuchten Haufens mit x bezeichnet, so entspricht dem Sachverhalt, der in der Textaufgabe ausgedrückt wird, die Gleichung (oder das mathematische Modell):

$$x + \frac{x}{2} = 16 \quad \text{oder} \quad x = 16 - \frac{x}{2}$$

(Sechzehn minus einen halben Haufen ergibt einen ganzen Haufen.)

Wird die Gleichung auf beiden Seiten mit zwei Drittel multipliziert, so ergibt sich:

$$\frac{2}{3} \cdot \frac{3}{2} x = \frac{2}{3} \cdot 16 \qquad x = \frac{32}{3}$$

Aufgabe:
Ein Haufen, sein Viertel zu ihm, es macht fünfzehn.
Sofort als Gleichung, weil es kürzer zu schreiben ist.

$$x + \frac{x}{4} = 15$$

$$\frac{5}{4} x = 15 \quad \text{Ein Haufen ist zwölf.}$$

$$x = \frac{60}{5} = 12$$

Der Papyrus Rhind kam aus England in das heutige Ägypten zurück und wird im Museum in Kairo ausgestellt.

MITTE DES 19. JAHRHUNDERTS IN EINER ENGLISCHEN KANZLEI.

Ach ... die ganze Juristerei bringt nicht viel ein.

Ich widme mich künftig dem lukrativen Antiquitätenhandel.

RHIND LAWYER

ALSO REIST MAN NACH ÄGYPTEN.

Der Handel mit Mumien bringt mir den größten Gewinn.

... Doch meist sind die nur Repliken.

*Textaufgaben und Ansatz

... der macht uns zu viel Konkurrenz!

... den sollten wir den Krokodilen vorwerfen ...

GRRR...

... oder besser noch in die Familie integrieren.

DER HANDEL MIT ANTIQUITÄTEN IST JEDOCH SEIT JAHRHUNDERTEN, SEIT GENERATIONEN, IN FESTEN HÄNDEN GEWIEFTER ÄGYPTISCHER GRABRÄUBERFAMILIEN UND CLANS.

Wahnsinn ... eine uralte Papyrusrolle! Was soll die kosten?

Es ist das älteste erhaltene Rechenbuch der Welt! Den Preis bestimmen Sie, denn ...

EINER HAT DA EINEN HAUFEN. DA SOLL NUN EIN HALBER HAUFEN DAZUKOMMEN. ES ENTSTEHEN SO DREI HALBE HAUFEN ...

ES SIND 84 TEXTAUFGABEN

Haaa ... Ich bezahle 15 Pfund. Aber 10 Pfund gebe ich bei der Ausfuhr an!

TEΛΩΝΕΙΟΝ CUSTOMS

THEMATISCHE EINORDNUNG

Die unbekannte Zahl in einer Gleichung/Ungleichung wird in Ägypten vor mehr als 3000 Jahren noch als Haufen bezeichnet.

In **Hieroglyphen:**

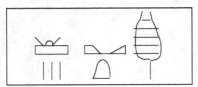

Nach **René Descartes** (1596–1650) wird in der Mathematik die erste unbekannte Zahl mit dem Buchstaben x, die nächste mit y, dann mit z und bei mehr als drei grundsätzlich mit x bezeichnet, wobei eine geeignete Indizierung dafür sorgt, dass eine Unterscheidung möglich ist.

Bei Funktionen bleibt es aber bei der Bezeichnung der unabhängigen Veränderlichen mit $x_1; x_2, ..., x_n$. Die abhängige Variable wird oft durch y bezeich-net. Bei einer unabhängigen Veränderlichen x kann die Funktion durch die Gleichung

$$y = f(x)$$

dargestellt werden. Das ist die explizite (nach der abhängigen Variablen aufgelöste) Darstellung der Funktion. Im Unterschied dazu ist die implizite Darstellung einer Funktion dadurch gekennzeichnet, dass nach keiner Variablen aufgelöst wurde und mitunter auch nicht aufgelöst werden kann.

113

ZOCKEN NACH ADAM RIES

UND DIE MATHEMATIK IN DER GESCHICHT ...*

Die Aufgabe nach **Adam Ries** aus der thematischen Einordnung (S. 117) heißt im heutigen Deutsch:
Einer hat ein Drittel seines Geldes verspielt. Vom übrigen Geld braucht er vier Goldstücke. Mit dem Rest handelt er, wobei er ein Viertel verliert. Wie viele Gulden hat er anfangs besessen, wenn ihm zum Schluss zwanzig Gulden verblieben sind?

Lösungsschritte:

1. Festlegung der Unbekannten: Dieser Schritt ergibt sich aus der Frage. Die unbekannte Größe wird mit x bezeichnet.
Es ist hier die Anzahl der Gulden, die der Mann am Anfang mitgenommen hat.

2. Der Sinn der Textaufgabe wird inhaltlich erfasst und in eine Gleichung übertragen. Es entsteht ein mathematisches Modell – hier in Form einer Gleichung. Mit x (Anzahl der zuerst vorhandenen Gulden) wird nun gerechnet – genauso, als wäre die Zahl bekannt.
Anzahl der verlorenen Gulden: Ein Drittel x. Nach dem Spiel hat er noch zwei Drittel x.

Von den verbliebenen Gulden werden vier verbraucht. $\left(\frac{2}{3}x - 4\right)$

Danach verliert er aber von dem Geld noch ein Viertel, sodass ihm nur noch drei Viertel verbleiben.

$$\frac{3}{4}\left(\frac{2}{3}x - 4\right) = \frac{1}{2}x - 3$$

Und das entspricht der Summe, die noch nach Hause gekommen ist (20 Gulden).

$$\frac{1}{2}x - 3 = 20 \Rightarrow \frac{1}{2}x = 23 \Rightarrow x = 46$$

3. Übertragung der mathematischen Lösung auf die Aufgabenstellung: Die mathematische Größe x ist zunächst nur ein Zahlenwert. Im Sinne der Aufgabe wird mit dieser Zahl ein Antwortsatz formuliert, der für die Praxis verständlich ist. *Der Mann besaß 46 Gulden.*

4. Textprobe: sachliche und rechnerische Probe.
Anfangs hat der Mann 46 Gulden. Davon verliert er beim Spiel ein

Drittel: $\left(\frac{46}{3}\right)$ *Somit verbleiben ihm nach dem Spiel*

$\left(\frac{138}{3} - \frac{46}{3}\right) = \frac{92}{3}$ *Gulden. Es werden davon 4 Gulden*

verbraucht, so dass noch: $\frac{80}{3}$ *Gulden verbleiben,*

wovon allerdings ein Viertel oder: $\frac{20}{3}$ *Gulden durch Spekulation verloren werden,*

womit nach Hause kommen: $\left(\frac{80}{3} - \frac{20}{3}\right) = \frac{60}{3} = 20$ *Gulden.*

Somit hat er von anfangs 46 Gulden noch 20 erhalten können (aber 26 Gulden verloren bzw. ausgegeben).

AUF DEM ZENTRALPLATZ DER STADT FINDET AM WOCHENENDE EIN HISTORISCHES EVENT STATT. HISTORISCHE KOSTÜME SIND ANGESAGT. UND DIE GÄNGIGE WÄHRUNG – MÜNZEN AUS DEM VORIGEN JAHRHUNDERT.

Huiii!

... und ich versuche mein Glück beim Spiel.

Gulden – für EURO!

HISTO RISCHE KOS TÜME HIER

GULDEN TALER – EURO HIER

WECHSEL BU

Ich schaue mir die alten Kleider an.

... Freude, Spiel und Eierkuchen!

Drei Beutel bitte ... zu gleichen Teilen!!!

ETWAS SPÄTER DANN AM GLÜCKSRAD:

Ich setze einen Beutel für ein Spiel!

Warum nur ein Drittel Ihres Geldes ???

Sicher ist sicher. Pech im Spiel, Glück in der Liebe!

RRRRR...

Kommen Sie verehrte Herrschaften. **Das Spiel beginnt!** Rot gewinnt den doppelten Einsatz!

Ja ... ja, und die übrigen Farben verlieren.

BOOO... GEWONNEN!

NUN IST DIE SPIEL-LUST GEWECKT ... UND ZUM ZWEITEN MAL WIRD EIN BEUTEL GESETZT.

Neues Spiel und neues Glück!

GEWONNEN!

Spielen Sie weiter, mein Herr ... ... und setzen Sie alles !!!

Ich habe nichts dagegen!

4+!

ZUM DRITTEN MAL DREHT SICH DAS GLÜCKSRAD ... UND DREHT SICH UND DREHT SICH, UND ...

BLAU!

KREISCH!

...NOCH WAS?

Betrüger!

... MAN HAT DEN BETRUG GEMERKT – DAS „RAD" IST MANIPULIERT, ALLEIN ES FEHLT DER BEWEIS! SPIEL IST SPIEL. DIE DREI IN DEN ERSTEN BEIDEN SPIELEN GEWONNENEN GELDBEUTEL UND EINER VON DREI BEUTELN SEINES EIGENEN GELDES SIND VERLOREN.

Ein Drittel meines mitgebrachten Geldes ist verloren.

Ach ... lassen Sie uns lieber würfeln.

Krass ... eh! Zwei Fünfer !!!

Ha! Ich habe zwei Sechsen.

ZUR ALTEN SCHENKE

AUCH DAS WÜRFELSPIEL UM LETZTLICH VIER GULDEN IST VERLOREN.

Hier! Die ...

?

WEIN-RECHNUNG!

GRRRRR...

Thematische Einordnung

Aufgaben aus dem richtigen Leben sind stets neue Probleme, denn das Leben wäre ja langweilig, wenn sich alles nur wiederholen würde. Es sind die Textaufgaben, die auch in der Mathematik für Abwechslung sorgen. Der italienische Mathematiker **François Viète** (1540–1603) behauptet in der von ihm verfassten „Algebra nova", dass jedes praktische Problem auch lösbar ist.

1. Die Aufgaben im über 3000 Jahre alten Papyrus Rhind sind zu leicht, um dieser Aussage widersprechen zu können.
2. Der deutsche Rechenmeister **Adam Ries** (1492–1559) verfasste ein Rechenbuch „*auff Linien und Ziphren*". Der im Erzgebirge wirkende Rechenmeister benutzte für seine Rechnungen Zahlen, die mit arabischen Ziffern beschrieben werden. „Buchstabenrechnen" ist eine Methode, die Adam Ries in seiner Rechenschule lehrte, um sie für das Rechenwesen im Bergbau nutzen zu können.

In der ursprünglichen Textfassung lautet die Aufgabe:

„Item / einer hat gelt / verspilt davon 1/3 . verzehrt vom übrigen 4.fl. mit dem anderen handelt er / verleuret ein viertheil / und behelt 20. fl. wie viel hat er zum ersten außgeführt?"

fl. – Die floren oder auf französisch florin ist eine seit 1252 in Florenz geprägte Goldmünze.

HAKEN DES HASEN SIND RETTUNG VOR DEM HUND

UND DIE MATHEMATIK IN DER GESCHICHT ...*

„Vom Lauf des Hundes und der Flucht des Hasen" schreibt **Alkuin** (735–804) in einer Aufgabe.

Alkuin war Lehrer und Freund von Kaiser **Karl dem Großen**. Ähnliche Aufgaben finden sich in vielen mathematischen Aufgabensammlungen vor dieser, während und nach dieser Zeit.

Unbestritten bleibt jedoch der Einfluss des Alkuin auf das geistige Leben zur Zeit Karls des Großen (nicht nur durch diese Aufgabe).

Ein Hund jagt einen Hasen, der einen Vorsprung von einhundertfünfzig Fuß hat. Der Hase springt sieben Fuß, der Hund neun Fuß weit.

Nach wie vielen Sprüngen hat der Hund den Hasen erreicht?

Ein Fuß sind etwa 30 Zentimeter. Der Hase hat also gar keinen so großen Vorsprung – etwa 45 Meter.

Wenn pro Sprung der Vorsprung des Hasen um zwei Fuß abnimmt, so sind (150 durch zwei geteilt) 75 Sprünge

notwendig, wenn der Hase nicht seine sprichwörtlich bekannten Haken schlägt.

Natürlich kann die Aufgabe auch umständlicher gelöst werden. Es gibt in der Mathematik immer viele Wege, um ein Ziel zu erreichen. Manche führen langsam, manche eben schnell und manche leider überhaupt nicht zum Ziel.

Der Weg des Hasen: $s_{Hase} = 7 \cdot x + 150$

Der Weg des Hundes: $s_{Hund} = 9 \cdot x$

Dabei ist x die Anzahl der Sprünge, die beide ausführen müssen, um sich zu treffen, was für den Hasen allerdings nicht so erfreulich ist. Die Wege sind unter Einbeziehung des Hasenvorsprungs von 150 Fuß gleich.

$$9x = 7x + 150$$
$$2x = 150$$
$$x = 75 \text{ Fuß}$$

Probe:

Hasenweg: $75 \cdot 7 = 525$ Fuß
Hundeweg: $75 \cdot 9 = 675$ Fuß

Hasenweg + 150 Fuß Vorsprung sind 675 Fuß und das ist gleich dem Weg des Hundes.

THEMATISCHE EINORDNUNG

Zugegebenermaßen ist es nicht immer leicht, aus einem Text das mathematische Modell, das heißt die Gleichungen oder Ungleichungen, abzuleiten. Wenn nach mehreren Größen gefragt ist, dann ist es selbstverständlich möglich, für jede dieser Unbekannten einen eigenen Buchstaben einzuführen. Bei zwei Unbekannten sind beispielsweise zwei Gleichungen erforderlich. Wenn die Summe zweier Zahlen (x und y) zweiundvierzig ergeben soll, dann ist eine weitere Angabe erforderlich, durch die eine zweite Gleichung formuliert werden kann, um die beiden Zahlen eindeutig bestimmen zu können.

Aus $$x + y = 42 \quad (1)$$
folgt nur, dass $x = 42 - y$
x die Differenz aus zweiundvierzig und der zweiten Zahl ist.
Wenn also y mit zwanzig frei gewählt wird, dann hat x den Wert zweiundzwanzig. Man sagt, dass die Variablen unbestimmt sind und das Problem unendlich viele Lösungen hat. Wenn y gewählt wird, was auf unendlich vielen Weisen möglich ist, dann erst ist der Wert von x eindeutig bestimmt.
Steht allerdings noch fest, dass die Differenz der zwei Zahlen zwanzig beträgt, dann bedeutet das in einer zweiten Gleichung
$$x - y = 20 \quad (2)$$
Wird diese Gleichung (2) nach y aufgelöst, $y = x - 20$,
und in die Gleichung(1) eingesetzt,
$x + x - 20 = 42$, so ergibt sich daraus für x die eindeutige Lösung
$$2x = 62 \quad \text{oder} \quad x = 31$$
und $y = 11$.
Für n Unbekannte müssen n Gleichungen aufgestellt werden, die sich nicht widersprechen dürfen und auch nicht durch Umformungen ineinander überführbar sein dürfen (Widerspruchsfreiheit und lineare Unabhängigkeit).

ALARM IM PLANQUADRAT

UND DIE MATHEMATIK IN DER GESCHICHT ...*

Koordinatensysteme ermöglichen es, jeden Punkt der Ebene (des Raumes) durch ein Zahlenpaar (ein Zahlentripel) zu erfasst. Bei kartesischen Koordinaten stellen die beiden Zahlenangaben Abstände auf den Koordinatenachsen dar, bei Polarkoordinaten Winkel („Marschrichtungszahl") und Entfernungen von einem Ausgangspunkt (Pol).

Das kartesische Koordinatensystem besteht aus zwei senkrecht aufeinanderstehenden Strahlen, die sich im Ursprung des Systems schneiden. Auf den Achsen wird nun eine Einheit festgelegt (die Einheit kann, muss jedoch nicht auf beiden Achsen übereinstimmen). Somit wird die Koordinatenebene in vier Quadranten eingeteilt, die entgegen dem Drehsinn des Uhrzeigersinns nummeriert werden.

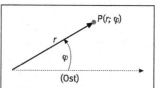

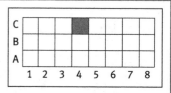

Neben der Verwendung der Koordinaten in der linearen Algebra und der analytischen Geometrie wird zur grafischen Darstellung von Funktionen ebenfalls das kartesische Koordinatensystem verwandt.

Kartesische Koordinaten finden auch eine Anwendung zur Angabe eines Planquadrates (beispielsweise bei der Kennzeichnung eines Feldes auf dem Schachbrett). Oben wurde das Planquadrat C4 markiert.

Polarkoordinaten lassen sich durch eine Flugroute (wir denken uns kurze Flüge oder die Erde als flach) veranschaulichen: Das Flugzeug bekommt einen Kurs vom Ursprung (Flugplatz) und die Länge der Flugstrecke mitgeteilt und kann nunmehr fast automatisch den Flug steuern.

Die Richtung gemessen als Winkel zwischen der Ost- und der Flugrichtung (immer gegen den Drehsinn der Uhr gemessen!) und der Abstand vom Flugplatz entsprechen den Polarkoordinaten des Ziels.

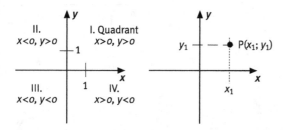

THEMATISCHE EINORDNUNG

Der französische Mathematiker **René Descartes** (1596 – 1650) hat die Verbindung zwischen der Geometrie und der Arithmetik („Zahlenrechnen") durch die eineindeutige Zuordnung von Punkten der Ebene oder des Raumes auf die Koordinatenelemente aus der Produktmenge *IR* x *IR* beziehungsweise *IR* x *IR* x *IR* geschaffen.

Durch die beiden senkrecht aufeinanderstehenden Achsen und die Festlegung einer Längeneinheit kann jedem Punkt der Ebene eindeutig eine *x*- und eine *y*-Koordinate zugeordnet werden

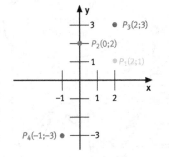

und umgekehrt jedem Koordinatenpaar eindeutig ein Punkt der Fläche. Beim räumlichen Koordinatensystem zeigt die dritte Achse (*z*) aus der Zeichenebene heraus. Koordinaten des Raumes können auch durch nichtkartesische Systeme wie Kugelkoordinaten (Erdoberfläche) oder Zylinderkoordinaten angegeben werden.

In der Ebene haben sich die kartesischen Koordinaten (*x;y*) und die Polarkoordinaten (*r;φ*) bewährt – sie sind allgemein verbreitet und lassen sich leicht ineinander umrechnen.

DACHNEIGUNG – STAURAUM UND SCHNEELAST

UND DIE MATHEMATIK IN DER GESCHICHT ... *

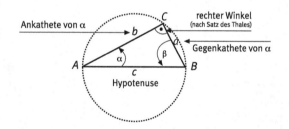

Ankathete von α

rechter Winkel
(nach Satz des Thales)

Gegenkathete von α

Hypotenuse

Der **Sinus** eines Winkels ist der Quotient aus der Gegenkathete und Hypotenuse. Der **Kosinus** eines Winkels ist der Quotient aus Ankathete und Hypotenuse. Der **Tangens** eines Winkels ist der Quotient aus Gegenkathete und Ankathete.

In einem rechtwinkligen Dreieck kann durch den Satz des Pythagoras bei Kenntnis von zwei Seiten die Länge der dritten Seite bestimmt werden.

Da in einem Dreieck die Winkelsumme 180° beträgt und der rechte Winkel 90° ist, ergibt sich die Summe der anderen beiden Winkel zu α + β = 180° - 90° = 90°.

Durch die trigonometrischen Funktionen können am rechtwinkligen Dreieck aus der Kenntnis eines Winkels und der Länge einer Seite die Längen der restlichen Seiten bestimmt werden.

Beispiel:
Bei einem Dach mit einem Neigungswinkel von 17,5° und die Höhe $\overline{CD}$ = 1,60 m ist die Entfernung $\overline{AD}$ und die Höhe der Stütze $\overline{BE}$ zu berechnen, wenn $\overline{AE}$ = 2,60 m gegeben ist.

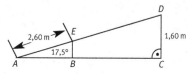

2,60 m

17,5°

1,60 m

$$\sin(17{,}5°) = \frac{1{,}6}{\overline{AD}}$$

$$\overline{AD} = \frac{1{,}6}{\sin(17{,}5°)} \approx 5{,}32 \text{ m}$$

$$\sin(17{,}5°) = \frac{\overline{BE}}{2{,}6}$$

$$\overline{BE} = 2{,}6 \cdot \sin(17{,}5°) \approx 0{,}78\text{m}$$

(Skizze nicht maßstabgerecht!)

EIN ARCHITEKT STELLT SEINEM BAUHERREN VERSCHIEDENE HAUSTYPEN VOR – GEMEINSAM IST JEDOCH ALLEN, DASS SIE EIN **PULTDACH** HABEN.

Um was geht es ihm denn eigentlich?

Ganz praktisch um einen großen Stauraum auf dem Boden.

UND SO SAGT ER ZIEMLICH BELEHREND, DASS IHN DIE MITTE DES DACHBODENS BESONDERS INTERESSIERT, WEIL DORT DIE GRÖSSTE HÖHE IST!

Ich garantiere eine doppelte Bodenmitte.

Von was denn das Doppelte? Hää ...

Das Doppelte von der Hälfte!

Das Doppelte von der gewünschten Höhe!

Also!

Wie hoch soll denn der Dachboden sein?

2 Meter hoch und 2,50 Meter breit!

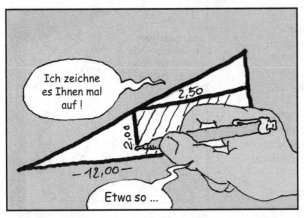

Ich zeichne es Ihnen mal auf!

2,50

2,00

— 12,00 —

Etwa so ...

Na gut – ich rechne das gleich.

$$\tan(\alpha) = \frac{2{,}00}{12{,}00 - 2{,}50} = \frac{2{,}00}{9{,}50}$$
$$\approx 0{,}2105$$
$$\alpha \approx 11{,}9°$$

Da habe ich Bedenken. Wegen der Schneelast ist ein Dachwinkel von 12 Grad vorgeschrieben.

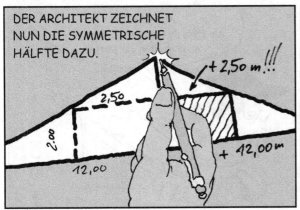

DER ARCHITEKT ZEICHNET NUN DIE SYMMETRISCHE HÄLFTE DAZU.

2,50

2,00

+ 2,50 m!

+ 12,00 m

12,00

Na also, endlich ein Satteldach.

Aber! Wollen Sie mich jetzt verarschen, ich storniere Ihnen gleich den Auftrag!

Das Haus ist jetzt doppelt so breit – 24m.

ALSO: NOCH EINMAL AM LAPTOP ...

Alle Breiten mit den halben Maßen !

Mir brummt der Kopf ...

Wo bleibt die gewünschte Breite von 2,50 Meter ?

... ich habe das Doppelte versprochen. Dazu kommt noch die andere Hälfte.

Und was ist mit der Dachneigung und der Schneelast?

Ich möchte einen Winkel !

Mir geht die Locke hoch.

O.K., O.K., ich rechne ...

sehen Sie:

$$\tan(\alpha_{Sattel}) = \frac{2,00}{4,75} > 0,4211$$

$$\alpha_{Sattel} \approx 22,83°$$

Das wird aber ein ziemlich steiles Dach !

... lieber steil als flach !

Naja ... vielleicht noch steiler – größere Höhe gleich größerer Stauraum.

Der Tangens des Dachwinkels bei vorgegebener Dachhöhe bestimmt die Höhe.

Hier bestimmt kein Tangens – hier bestimmt nur einer, und das bin **ich** !

Ich komme noch einmal auf die Pultdachlösung zurück, denn bei dem gleichen Anstieg von 22,8 Grad würde ich die doppelte Höhe erreichen.

$$\tan(\alpha_{Pult}) = \frac{h_p}{12} \qquad h_p = 12 \cdot \tan(22,8°) = 5,05$$

Aber wo ??? Am Ende des Daches ! Sehen Sie – aber nicht in der Mitte.

5,05 m

THEMATISCHE EINORDNUNG

Die Sätze am rechtwinkligen Dreieck (Satz des Pythagoras, Höhen- und Kathetensatz) stellen Beziehungen zwischen Dreieckseiten her. Bei diesen Sätzen wird zwar das Vorhandensein eines rechten Winkels vorausgesetzt, es bleiben die Aussagen dieser Sätze aber auf die Beziehungen zwischen Seiten (Längen) beschränkt.

Der Winkelsummensatz gibt einen Zusammenhang für Winkel am rechtwinkligen Dreieck an, aus dem folgt: Im rechtwinkligen Dreieck gibt es neben dem rechten Winkel, der Voraussetzung für die Zuordnung ist, noch zwei weitere Winkel, deren Summe 90° beträgt, so dass ein rechtwinkliges Dreieck zwei spitze Winkel haben muss. Somit gibt es aber eine eindeutig festgelegte Seite mit der größten Länge, die als Hypotenuse bezeichnet wird – es ist die Seite, die dem rechten Winkel gegenüberliegt – und zwei kürzere Seiten, die beiden Katheten.

Den beiden spitzen Winkeln liegen Katheten gegenüber. Eine davon ist die Ankathete und die andere die Gegenkathete des zugehörigen spitzen Winkels.

Ankathete ist die, welche Winkelschenkel bildet und Gegenkathete die Seite, die dem Winkel gegenüberliegt.

Die Trigonometrie am Dreieck beinhaltet Zusammenhänge zwischen Seiten und Winkeln. Diese Beziehungen sind am rechtwinkligen Dreieck wie folgt definiert:

$$\sin(\alpha) = \frac{\text{Gegenkathete}}{\text{Hypotenuse}}$$

$$\cos(\alpha) = \frac{\text{Ankathete}}{\text{Hypotenuse}}$$

$$\tan(\alpha) = \frac{\text{Gegenkathete}}{\text{Ankathete}}$$

WENN ZWEI SICH ÄHNELN, SIND SIE NOCH LANGE NICHT GLEICH

UND DIE MATHEMATIK IN DER GESCHICHT ...*

Ein Rechteck mit der Länge von fünf Zentimetern und der Breite von sechs Zentimetern hat den **gleichen** Flächeninhalt wie ein Rechteck mit der Länge von zehn Zentimetern und der Breite drei Zentimetern.

Die Rechtecke sind im Flächeninhalt gleich, aber geometrisch nicht kongruent.

Geometrische Figuren sind kongruent, wenn sie in **allen** einander entsprechenden Bestimmungsstücken übereinstimmen. Das ist eine sehr scharfe Forderung in der Geometrie.

Ein Beispiel dazu: Das Dreieck mit der Grundseite von sechs Zentimetern und der Höhe von fünf Zentimetern und das mit der Grundseite von fünf Zentimetern sowie der Höhe von sechs Zentimetern haben zwar gleiche Flächen von 15 cm², aber verschiedene Längen und verschieden große Winkel.

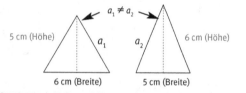

5 cm (Höhe) $a_1 \neq a_2$ 6 cm (Höhe)

a_1 a_2

6 cm (Breite)   5 cm (Breite)

Geometrische Figuren der Ebene sind kongruent, wenn sie durch folgende drei (Kongruenz-) Abbildungen zur Deckung gebracht werden können:

1. **Verschiebungen** werden durch einen gegebenen Verschiebungspfeil (beispielsweise $\vec{CC'}$) (gleiche Länge, gleiche Richtung) festgelegt. Die Länge $|\vec{CC'}|$ des Verschiebungspfeils ist die **Verschiebungsweite**.

2. **Drehung** unter dem Winkel φ um den Punkt D.

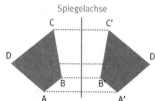

3. **Spiegelung** Zu beachten ist bei der Spiegelung: Bei einer Spiegelung ändert sich der Durchlaufsinn.

Spiegelachse

DIE ÖFFENTLICHE VERSAMMLUNG DES OBERSTEN TIERGERICHTES ZUR KLÄRUNG DES TODES VOM HASEN BEIM WETTLAUF MIT DEM IGEL WIRD HIER ANGEKÜNDIGT.

?!

Wer ist denn schuld?

Die Umstände sind klar ...

Der Igel war der Betrüger! ... oder?

Aha ... Hase, Sie sind also der Kläger.

Aber nein! Ich bin der Anwalt des Klägers.

Herr Richter Fuchs, der Kläger ist zu Tode gekommen ...

* Kongruenz ebener Figuren

IN DEN AKTEN HAT DER RICHTER EIN BILD DES VERSTORBENEN ENTDECKT.

... Naja. Kläger und Anwalt des Klägers sehen ähnlich aus.

R.I.P.

Aber, ... aber nicht **kongruent**!

Keinesfalls sind wir identisch!

DER ANWALT KOMMT ZU WORT

Ich will den Betrug der angeklagten Igelfamilie während des Wettlaufes kurz schildern!

Ich fordere die Todesstrafe für die beiden Igel !!!

START/ZIEL

Bin schon da!

Bin schon da!

?!

... ist Betrug ... oder!?

DER RICHTER ERTEILT DER BEKLAGTEN IGELFAMILIE DAS WORT.

... es war ein bedauerlicher Sportunfall. Tut uns leid.

Nun ja, eigentlich ...

UNSCHULD!

Täuschung. Betrug! Arglist!

Sachte, sachte, Leute. Den Hasen könnt' ich fressen.

JA WIE?

Die beiden sind doch sehr wohl zu unterscheiden!

Wieso, hat der Hase das nicht bemerkt ???

Ja, ja ... Nuur zum Zeitpunkt des Wettlaufes waren beide zum Verwechseln ähnlich!

Also, kongruent sind die wirklich nicht, denn ...

SPÄTER BEIM ORTSTERMIN AN DER RENNSTRECKE SOLL DER WETTLAUF REKAPITULIERT WERDEN.

Sooo ... nun laufen Sie mal los.

Shit !!! Eigentlich bin ich vom Sport befreit.

Na, ich stand am Ende und rief ...

Bin schon da!

Na, schnell ist der nicht.

Das dauert ...

Schauen Sie. Hier, Herr Richter, hetzte sich mein Mandant kurz vor dem Ziel zu Tode!

PFFFF

THEMATISCHE EINORDNUNG

Figuren sind deckungsgleich (kongruent), wenn sie durch

a) Verschiebung (Parallelverschiebung),

b) Drehung und/oder

c) Spiegelung (Achsenspiegelung)

aufeinander abgebildet werden können. Die genannten Abbildungen werden Kongruenzabbildungen genannt.

Bei Kongruenzabbildungen müssen folgende Bedingungen erfüllt sein: Die Abbildung ist

a) geradentreu – jede Gerade wird auch wieder auf eine Gerade abgebildet,

b) längentreu – jede Strecke wird auf eine gleich lange Strecke abgebildet,

c) parallelentreu – parallele Geraden werden auf parallele Geraden abgebildet,

d) winkeltreu – jeder Winkel wird auf einen gleich großen Winkel abgebildet.

Bemerkung: Eigentlich müssen nur die Eigenschaften a) und b) garantiert sein, denn dann folgen c) und d) automatisch, wie sich leicht beweisen lässt.

SCHÄTZUNGEN DURCH PEILUNG ÜBER DEN DAUMEN

UND DIE MATHEMATIK IN DER GESCHICHT ...*

„Über den Daumen peilen" heißt, ein entferntes Objekt durch den Daumen der ausgestreckten Hand genau zu überdecken. Dazu ist die Entfernung des ausgestreckten Daumens von den Augen zu verändern.

Ist der Daumen näher an den Augen, so kann er eine größere Breite überdecken. Die überdeckte Breite verkleinert sich aber sofort, wenn der ausgestreckte Daumen sich vom Auge entfernt.

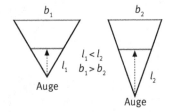

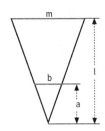

Mit dem Vorgehen können zwei Schätzungen vorgenommen werden.

Das Auge ist in beiden Fällen das Streckungszentrum oder Ähnlichkeitszentrum, das Verhältnis der Breite zum Abstand des Daumens vom Auge ist der Ähnlichkeitsfaktor.

Es gilt:

$$\frac{b}{m} = \frac{a}{l}$$

1. Wird die Breite geschätzt, so muss der Abstand des Objektes bekannt sein:

$$m = \frac{b}{a} l$$

2. Wird der Abstand des Objektes geschätzt, so muss dessen Breite bekannt sein:

$$l = \frac{a}{b} m$$

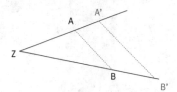

THEMATISCHE EINORDNUNG

„Über den Daumen gepeilt" nennt man eine schnell geschätzte Größe. Oft kommt das Ergebnis dem wahren Wert so nahe, dass die Schätzer ihre Zuhörer ziemlich verblüffen.

Es gibt sehr gute praktische Verfahren, durch die genaue Maße ohne weitere Hilfsmittel abgeschätzt werden können. Hier wird ein Verfahren zur Schätzung von Längen auf der Grundlage von ähnlichen Figuren (Dreiecken) angegeben.

Ähnlichkeitsabbildungen sind affine Abbildungen, die parallelen- und winkeltreu sind (parallele Strecken werden auf parallele Bildstrecken abgebildet und Winkel der Originalfigur bleiben auch in der Bildfigur erhalten). Eine wichtige Ähnlichkeitsabbildung ist die zentrische Streckung, die durch ein Streckungszentrum Z und einen Streckungsfaktor k festgelegt ist.

Bedingungen für die Bildpunkte der zentrischen Streckung (Konstruktionsvorschrift):

1. Der Punkt P' liegt auf der Geraden durch P und Z.
2. $|\overrightarrow{ZP'}| = k \cdot |\overrightarrow{ZP}|$

Beispiel: Strahlensätze

$$\frac{|\overrightarrow{ZA'}|}{|\overrightarrow{ZA}|} = \frac{|\overrightarrow{ZB'}|}{|\overrightarrow{ZB}|} \text{ oder } \frac{|\overrightarrow{ZA}|}{|\overrightarrow{AB}|} = \frac{|\overrightarrow{ZA'}|}{|\overrightarrow{A'B'}|}$$

QUADRAT, KREISE UND GLEICHER ABFALL

UND DIE MATHEMATIK IN DER GESCHICHT ...*

1. Aus einem quadratischen Blech wird **ein** kreisförmiges Blatt ausgestanzt. Wie groß ist der Abfall?

50cm · 50cm

Fläche des Quadrates:
$A_{Qu} = 0{,}50\,m \cdot 0{,}50\,m = 0{,}25\,m^2$

Fläche des Kreises:
$A_K = \pi \cdot 0{,}25^2\,m^2 = \pi \cdot 0{,}0625\,m^2$

Kreisdurchmesser: d = 50 cm

Kreisradius: r = 25 cm

Abfall absolut: $(0{,}25 - \pi \cdot 0{,}0625)\,m^2 \approx 0{,}0538\,m^2$

Abfall relativ: 0,0538 : 0,25 = 21,5 %

2. Aus einem quadratischen Blech werden **vier** gleich große kreisförmige Blättchen ausgestanzt. Wie groß ist der Abfall?

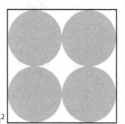

50cm · 50cm

Fläche des Quadrates:
$A_{Qu} = 0{,}50\,m \cdot 0{,}50\,m = 0{,}25\,m^2$

Fläche der Kreise:
$4 \cdot A_K = \pi \cdot 0{,}125^2\,m^2 = \pi \cdot 0{,}0625\,m^2$

Kreisdurchmesser: d = 25 cm

Kreisradius: r = 12,5 cm

Abfall absolut: $(0{,}25 - \pi \cdot 0{,}0625)\,m^2 \approx 0{,}0538\,m^2$

Abfall relativ: 0,0538 : 0,25 = 21,5 %

3. Aus einem quadratischen Blech werden **sechzehn** gleich große kreisförmige Blättchen ausgestanzt. Wie groß ist der Abfall?

50cm · 50cm

Fläche des Quadrates:
$A_{Qu} = 0{,}50\,m \cdot 0{,}50\,m = 0{,}25\,m^2$

Fläche der Kreise:
$16A = 16\,\pi \cdot 0{,}0625^2\,m^2 = \pi \cdot 0{,}0625\,m^2$

Kreisdurchmesser: d = 12,5 cm

Kreisradius: r = 6,25 cm

Abfall absolut: $(0{,}25 - \pi \cdot 0{,}0625)\,m^2 \approx 0{,}0538\,m^2$

Abfall relativ: 0,0538 : 0,25 = 21,5 %

4. Aus einem quadratischen Blech werden **einhundert** gleich große kreisförmige Blättchen ausgestanzt. Wie groß ist der Abfall?

50cm · 50cm

Fläche des Quadrates:
$A_{Qu} = 0{,}50\,m \cdot 0{,}50\,m = 0{,}25\,m^2$

Fläche der Kreise:
$100A = 100\,\pi \cdot 0{,}025^2\,m^2 = \pi \cdot 0{,}0625\,m^2$

Kreisdurchmesser: d = 5 cm

Kreisradius: r = 2,5 cm

Abfall absolut: $(0{,}25 - \pi \cdot 0{,}0625)\,m^2 \approx 0{,}0538\,m^2$

Abfall relativ: 0,0538 : 0,25 = 21,5 %

DER GRÖSSTE KUPFERTAGEBAU DER WELT, IM HOCHGEBIRGE CHILES, FÖRDERT 600 000 TONNEN KUPFERERZ PRO JAHR. MONSTERLASTWAGEN BRUMMEN MIT 3300 PS RUND UM DIE UHR MIT IHRER KOSTBAREN FRACHT ZU DEN GIGANTISCHEN SCHMELZÖFEN.

Ja, ja ... der Aufwand ist enorm !!!

Okay! 400 Tonnen Gestein ...

pro Fahrt!

DAS GLÜHENDE METALL WIRD IN FORMEN GEGOSSEN UND DIE BARREN IN ALLE WELT VERKAUFT.

*Flächenberechnungen am   Quadrat und am Kreis

NUN KOMMT SO VIEL SCHROTT ZUSAMMEN, DASS DIE HÜTTE AN ZWEI HANDWERKER JE FÜNF KUPFERTAFELN VERKAUFT.

Klasse, eh!

Hier Meister, die Bleche Eins auf Eins.

Los geht's! Wir müssen fünf Schilder für 'ne Hotelgruppe fertigen.

Der Auftraggeber verlangt kreisrunde Schilder. Und das bedeutet Reste und Reste, bedeutet neues Kupferblech.

Die Fläche der Tafel mit einem Meter zum Quadrat beträgt einen Quadratmeter.

L = 1.00 m

R = 50 cm

Die Fläche der Schilder mit einem Durchmesser von (maximal) einem Meter (Radius 50 cm) beträgt $A = \pi \cdot r^2 = 0{,}785\,\text{m}^2$.

Die vier abgetrennten Ecken ...

... ergeben 21,5 Prozent oder 0,215 Quadratmeter pro Tafel!

Ehhh!!! Das wären also 1,075 Quadratmeter, die wir in der Hütte abliefern können!

Bring eine neue Tafel!

136

THEMATISCHE EINORDNUNG

Die Fläche eines Quadrates berechnet sich als das Quadrat der Seitenlänge.

Beispiel:

Ein Quadrat mit einer Seitenlänge von 50 Zentimetern besitzt eine Fläche von $50^2 = 2500$ Quadratzentimetern oder 0,25 Quadratmetern.

Fläche eines Kreises:

$$A = \pi \cdot r^2 = \pi \frac{d^2}{4}$$

Dem im Beispiel angegebenen Quadrat kann ein Kreis um- und eingeschrieben werden.

Eingeschriebener Kreis:

$d = 50\,\text{cm} \quad r = 25\,\text{cm}$

$A_{Umkreis} = \pi \cdot 25^2 \approx 1963,5\,\text{cm}^2$
$= 0,19635\,\text{m}^2$

Umgeschriebener Kreis:

$d = \sqrt{50^2 + 50^2} = \sqrt{5000} \approx 70,71$

$r \approx 35,36$

$A_{Umkreis} = \pi \cdot 35,36^2 \approx 3927,0\,\text{cm}^2$
$= 0,3927\,\text{m}^2$

Beim eingeschriebenen Kreis entsteht ein absoluter Abfall von
$(2500 - \pi \cdot 625)\,\text{cm}^2 = 538\,\text{cm}^2$
und relativ $538 : 2500 = 21,5\,\%$.

Für den Abfall in Prozent (relative Größe) ist es unwesentlich, wie stark das Blech ist, denn bei gleicher Stärke (Höhe) ist das Volumen der Grundfläche proportional. Ebenso beträgt die Masse des Abfalls relativ 21,5 Prozent, denn auch die Dichte ist gleich, da es sich um das gleiche Blech handelt.

ITALIENISCHE STAPELWIRTSCHAFT DES CAVALIERI

UND DIE MATHEMATIK IN DER GESCHICHT ...*

Spezielle Mosaikplatten sind Fünfecke mit gleich langen Seiten von 12 Zentimetern, die als Quadrate mit einem aufgesetzten gleichseitigen Dreieck beschrieben werden können.

Der Umfang beträgt $12\,cm \cdot 5 = 60\,cm$
Die Fläche des Quadrat: $12\,cm \cdot 12\,cm = 144\,cm^2$

Zur Berechnung der Fläche des Dreiecks muss die Höhe nach dem Satz des Pythagoras bestimmt werden.

$h = \sqrt{12^2 - 6^2}\,cm = \sqrt{108}\,cm = \sqrt{9 \cdot 4 \cdot 3}\,cm = 6 \cdot \sqrt{3}\,cm$

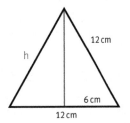

Dreiecksfläche: $\dfrac{6 \cdot 12 \cdot \sqrt{3}}{2} = 36 \cdot \sqrt{3}\,cm^2$

Gesamtfläche einer Platte:

$(144 + 36 \cdot \sqrt{3})\,cm^2 = 36(4 + \sqrt{3})\,cm^2 = 206{,}4\,cm^2$

Für eine Fläche von einem Quadratmeter werden 49 Platten benötigt ($1m^2 = 10\,000\,cm^2$). Bei einer Stärke der Platten von fünf Zentimetern ergibt das, werden sie aufeinander geschichtet, eine Stapelhöhe von 2,45 Meter.

Ändert sich das Volumen, wenn die Platten in dem Stapel durch einen Stoß verrutschen?

Natürlich nicht!

Weder die Höhe noch die Grundfläche des Prismas mit einer fünfeckigen Grundfläche ändern sich.

Und wenn der Stapel umfällt, dann haben sich der Querschnitt und die Höhe des Stapels verändert, das Volumen ist aber gleich geblieben – sogar dann, wenn die Platten durch das Umfallen zerbrechen.

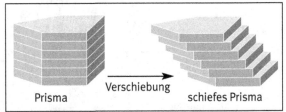

Prisma — Verschiebung — schiefes Prisma

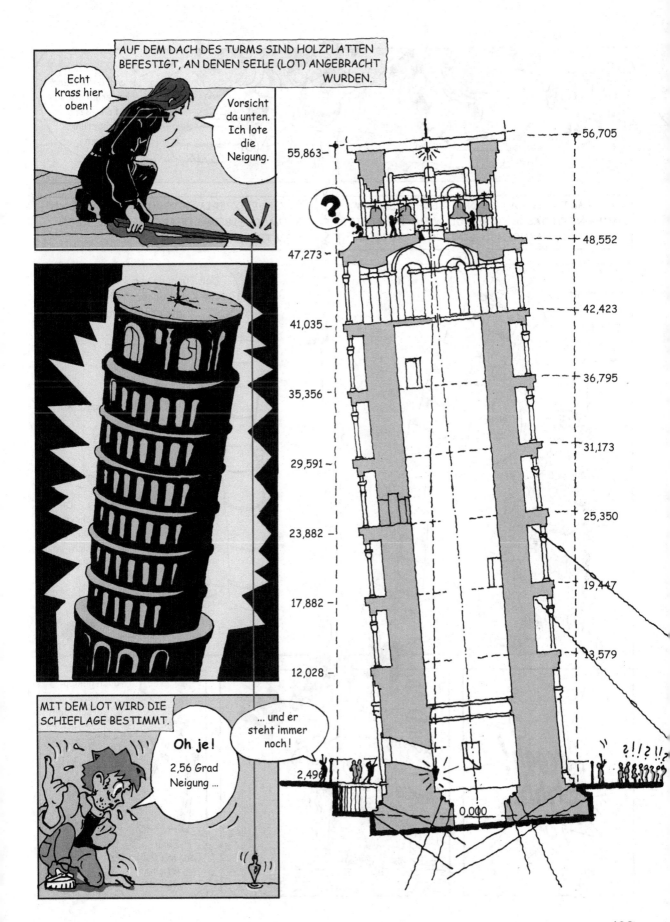

139

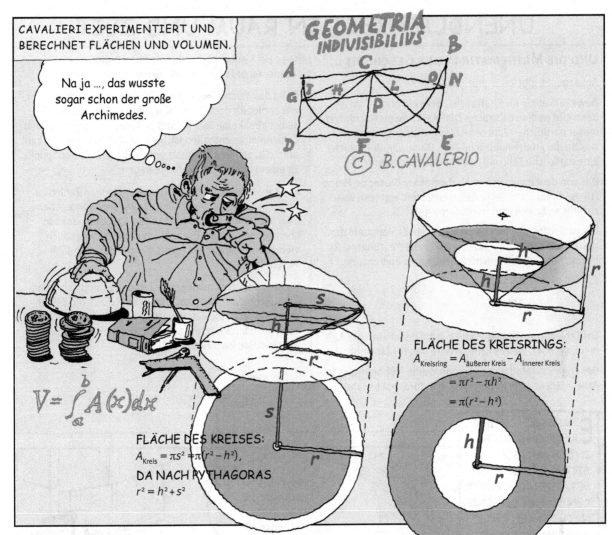

CAVALIERI EXPERIMENTIERT UND BERECHNET FLÄCHEN UND VOLUMEN.

Na ja ..., das wusste sogar schon der große Archimedes.

GEOMETRIA INDIVISIBILIVS

© B. CAVALERIO

$$V = \int_a^b A(x)\,dx$$

FLÄCHE DES KREISRINGS:

$A_{\text{Kreisring}} = A_{\text{äußerer Kreis}} - A_{\text{innerer Kreis}}$

$= \pi r^2 - \pi h^2$

$= \pi(r^2 - h^2)$

FLÄCHE DES KREISES:

$A_{\text{Kreis}} = \pi s^2 = \pi(r^2 - h^2)$,

DA NACH PYTHAGORAS

$r^2 = h^2 + s^2$

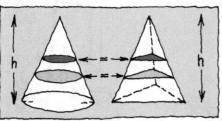

SOMIT IST DIE FLÄCHE DES KREISES LINKS GLEICH DER FLÄCHE DES KREIS-RINGS RECHTS. DAMIT SIND QUERSCHNITTE DER HALBKUGEL UND DIE EINES ZYLINDERS, AUS DEM EIN KEGEL MIT GLEICHER GRUNDFLÄCHE UND HÖHE HERAUSGESCHNITTEN WURDE, GLEICH GROSS. DARAUS ERGIBT SICH DAS VOLUMEN DER HALBKUGEL ZU

$V_{\text{Halbkugel}} = V_{\text{Zylinder}} - V_{\text{Kegel}} = \pi r^2 \cdot r - \frac{1}{3}\pi r^2 \cdot r = \frac{2}{3}\pi r^3$ UND DAS DER

GESAMTKUGEL ZU $V_{\text{Kegel}} = \frac{4}{3}\pi r^3$

THEMATISCHE EINORDNUNG

Nach dem Satz des italienischen Mathematikers **Bonaventura Cavalieri** (um 1598–1647), einem Schüler von Galilei, gilt das nach ihm benannte Prinzip:

Körper mit inhaltsgleichem Querschnitt in gleichen Höhen haben das gleiche Volumen.

Das Prinzip des Cavalieri kann mit den Mitteln der Elementargeometrie nicht bewiesen werden. Erst die Einführung des Grenzwertbegriffes und infinitesimaler Größen macht den Beweis möglich. Veranschaulicht werden kann das Prinzip an einem Plattenstapel, dessen Volumen sich nicht ändert, wenn durch einen Stoß eine Formänderung erfolgt, durch den die Platten gegeneinander verschoben werden.

Wichtig ist der Sachverhalt, dass nach diesem Satz der Flächeninhalt von schiefen Pyramiden und Kegeln berechnet werden kann, indem die Berechnung auf die von geraden Körpern (Kegeln und Pyramiden) zurückgeführt wird, deren Höhe und Querschnittsfläche bekannt ist.

Mit dem Prinzip von Cavalieri lässt sich sogar das Volumen einer Halbkugel auf das Volumen eines Zylinders und eines Kegels zurückführen, siehe Abbildung oben.

UNENDLICHKEIT IN RAUM UND ZEIT

UND DIE MATHEMATIK IN DER GESCHICHT ...*

Aussage: Es gibt keine größte natürliche Zahl.

Beweis: Wenn n eine natürliche, beliebig große Zahl ist, dann gibt es eine natürliche Zahl $n + 1$, die als Nachfolger dieser natürlichen Zahl bezeichnet wird. Angenommen, N wäre die größte natürliche Zahl. Dann wäre $N + 1$ auch eine natürliche Zahl und noch größer. Widerspruch!

Das von dem italienischen Mathematiker **Giuseppe Peano** (1858–1932) formulierte Axiomensystem legt fest, was natürliche Zahlen sind (siehe Seite 35).

Die natürlichen Zahlen können auf dem Zahlenstrahl dargestellt werden. Mit der Null als linkem Begrenzungspunkt hat ein Strahl auf der rechten Seite keine Begrenzung.

Es wird geschrieben:

$$\lim_{n \to \infty} n = \infty.$$

Ein Zahlenstrahl (Halbgerade) hat auf der einen Seite keinen Endpunkt, weil es keine größte (letzte) Zahl gibt.

Der englische Mathematiker **John Wallis** (geboren 1616 in Ashford/Kent – gestorben 1703 in Oxford) hat im Jahr 1655 ein Symbol eingeführt, das beschreibt, dass die Glieder einer Folge über alle Grenzen anwachsen.

Es ist das Zeichen ∞, welches für einen Sachverhalt steht, wie er hier für natürliche Zahlen geschildert wurde, das selbst aber keine Zahl darstellen kann, also auch in keiner Zahlenmenge enthalten ist. Weil das Zeichen ∞ keine Zahl darstellt, gehört es niemals und auch nicht als Randpunkt zu einem Intervall der Zahlengeraden.

Der Zahlenstrahl für die positiven natürlichen Zahlen ist rechts unbegrenzt, die Zahlen können jede vorgegebene oder vermutete Zahl überschreiten. Links von einer solchen vermeintlichen Grenze liegen immer nur endlich viele natürliche Zahlen, rechts davon aber unendlich viele.

Werden positive und negative Zahlen geometrisch veranschaulicht, dann wird der Zahlenstrahl durch die Zahlengerade ersetzt. Die Zahlengerade ist weder nach rechts noch nach links begrenzt. Es gibt weder eine größte, noch eine kleinste ganze Zahl.

$$\lim_{n \to \infty} n = \infty$$

$$\lim_{n \to \infty} (-n) = -\infty$$

EIN MENSCH, DER DAS ALTER ERREICHT HAT, IN DEM MAN GLAUBT, SICH PHILOSOPHISCH BETÄTIGEN ODER ÜBER DEN SINN DES LEBENS NACHDENKEN ZU MÜSSEN, HAT GANZ HEFTIGE GALLENSCHMERZEN. DIESE BETRACHTUNGEN BEHINDERTEN WOHL DAS AUGENMERK AUF EIGENE ESSGEWOHNHEITEN.

... es klingt doch pessimistisch oder gar resignierend, doch ...
... ich weiß, dass ich nichts weiß.

SOKRATES
(469–399 v. Chr.)

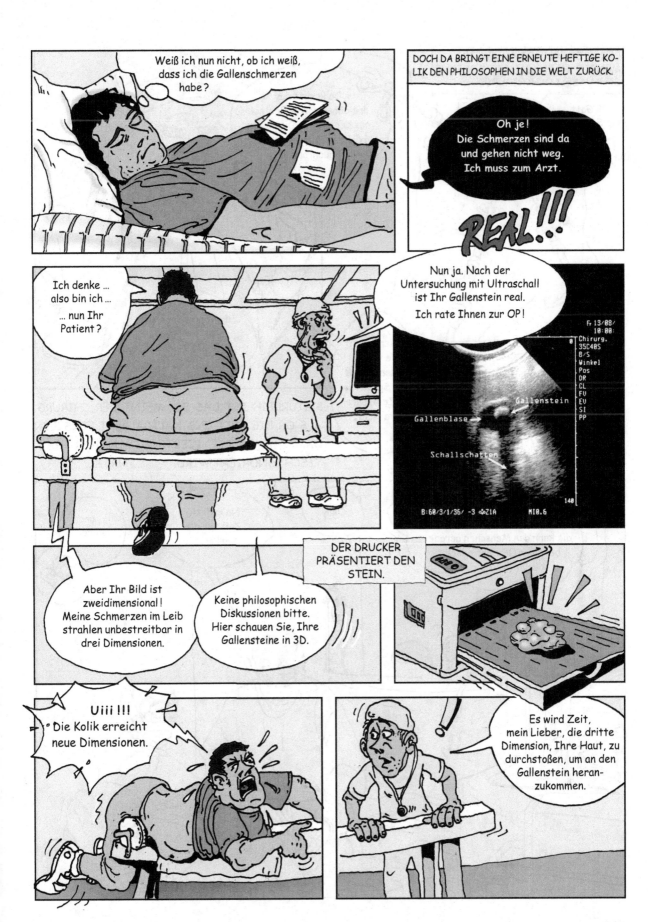

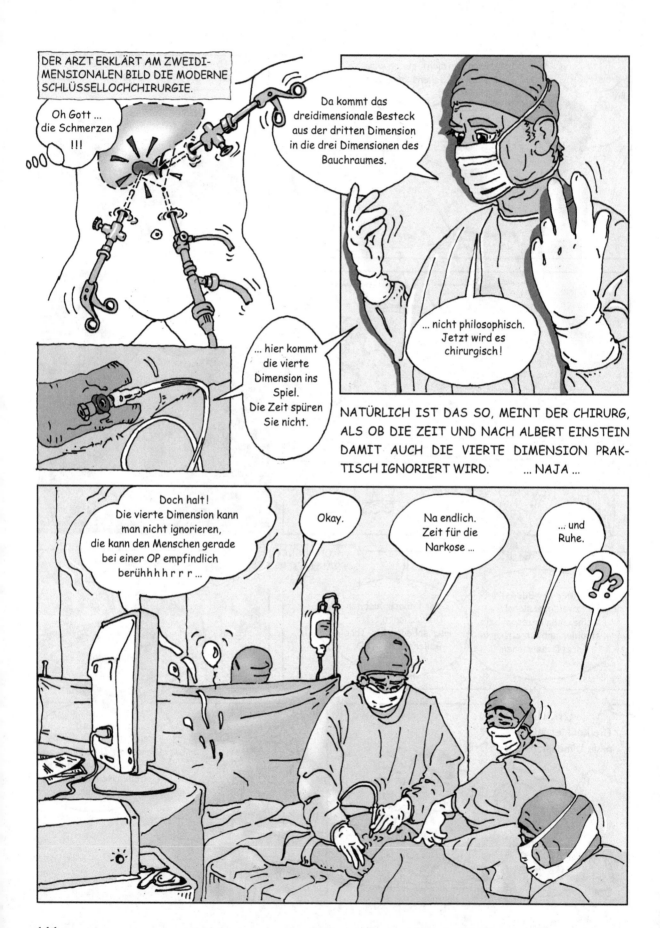

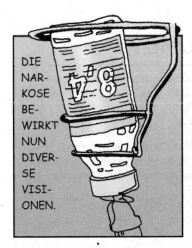

DIE NARKOSE BEWIRKT NUN DIVERSE VISIONEN.

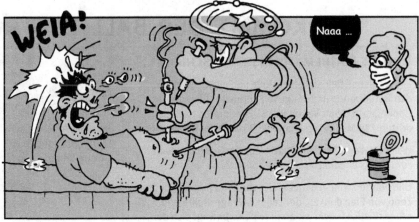

WEIA!

Naaa ...

AM NÄCHSTEN MORGEN:

Habe ich mich, von einer nur endlichen Zeit meines Lebens, einem endlichen Zeitabschnitt für die Narkose hingegeben ???

... ich denke niemals an die Zukunft, denn nach Albert Einstein kommt sie ...

... früh genug !!!

THEMATISCHE EINORDNUNG

Unendlichkeit – eine eindeutig philosophische Fragestellung?

1. Wir erleben Raum und Zeit in der Praxis als endlich und setzen voraus, dass man Raum bzw. Zeit grundsätzlich in beliebig kleine Raum- bzw. Zeiteinheiten zerlegen kann, dass also Raum und Zeit kontinuierliche Größen sind.

Die Annahme der Kontinuität von Raum und Zeit ist nicht selbstverständlich! **David Hilbert** (1862–1943) wies in den „Grundlagen der Mathematik" bereits 1934 darauf hin, dass es in der Physik keine Indizien dafür gibt und somit auch keine Rechtfertigung, die Zeit und den Raum in beliebig kleine Größen zu zerlegen.

2. Bereits **Aristoteles** (384–322 v. Ch.) postulierte das „Unendliche" als eine zwar wirkungsvolle, aber dennoch menschliche Vorstellung („potenzielle" Denkmöglichkeit !), die mit der praktischen Realität („aktuellen" Wirklichkeit) nicht zu vereinbaren ist.

Alle diese Betrachtungsweisen haben philosophische oder (genauer) erkenntnistheoretische Bedeutung, die jedoch die praktische Mathematik nicht tangieren.

Die Mathematik legt durch eindeutige, widerspruchsfreie und möglichst vollständige, voneinander unabhängige Axiome und Definitionen ein eigenständiges Abbild der Wirklichkeit (ein mathematisches Modell) fest, welches die Erfahrungen der Menschen ganz oder zumindest teilweise widerspiegelt – Letzteres ist aber kein Problem der Mathematik, sondern ein philosophisches Problem, welches wohl nie unumstritten bleiben wird!

KOMMT DER BALL ZUR RUHE?

UND DIE MATHEMATIK IN DER GESCHICHT ...*

Ein Tennisball fällt aus einer Höhe von einem Meter auf den Betonboden und steigt 90 Zentimeter über den Boden, nach dem zweiten Fall 81 Zentimeter, nach dem dritten 729 Millimeter, immer 90 Prozent der letzten Höhe.

Welchen Weg über dem Boden legt der Ball insgesamt zurück, bis er endlich zur Ruhe kommt?

Und würden wir mit dem bereits vor 2500 Jahren gelebten **Zeno von Elea** denken, der „alles in Frage stellte und grundsätzlich jedem widersprach", so bewegt sich der Tennisball heute noch (zumindest dann, wenn er nicht zuvor zur Ruhe gekommen ist). Zeno widmete sich der Frage, ob Raum und Zeit in diskrete, kleinste Einheiten zerteilbar ist. Es war lange Zeit unklar, ob die Addition von unendlich vielen Summanden stets ein unendliches Ergebnis liefert oder auch einen endlichen Wert geben kann und wie man damit überhaupt rechnen kann.

In der Grundschulmathematik ist die Addition immer nur auf endlich viele Summanden bezogen und für den Fall unendlich vieler Summanden gar nicht definiert – zumindest nicht für Sterbliche. Tun wir es den Göttern gleich und machen es wie die Mathematiker, die hier eine unendliche Reihe sehen, deren Grenzwert bestimmt werden soll.

$x_0 = 1$ $\Downarrow$ 10% *Energieverlust bei jedem Aufschlag des Balles.*

$x_1 = 0{,}90$ $\Uparrow$ $x_1 = 0{,}90$ $\Uparrow\Downarrow$ $2x_1 = 1{,}80 = 2 \cdot 0{,}9$

$x_2 = 0{,}90 \cdot 0{,}90$ $\Uparrow$ $x_2 = 0{,}90^2$ $\Uparrow\Downarrow$ $2x_2 = 2 \cdot 0{,}9^2$

$x_3 = 0{,}90^2 \cdot 0{,}90$ $\Uparrow$ $x_3 = 0{,}90^3$ $\Uparrow\Downarrow$ $2x_3 = 2 \cdot 0{,}9^3$ usw.

Im n-ten Aufstieg schafft der Tennisball noch $x_n = 0{,}9^n$ Meter. Bis dahin hat er die Wegstrecke (endliche geometrische Reihe) s_n (in Metern gemessen) zurückgelegt:

$$s_n = 1 + 2 \cdot (0{,}9 + 0{,}9^2 + \ldots + 0{,}9^n)$$

$$s_n = 1 + 2 \cdot 0{,}9 \, \frac{1 - 0{,}9^n}{1 - 0{,}9}$$

$$s_n = 1 + 2 \cdot 0{,}9 \, \frac{1 - 0{,}9^n}{0{,}1}$$

$$s_n = 1 + 18(1 - 0{,}9^n)$$
$$s_n = 19 - 18 \cdot 0{,}9^n$$

Für $n = 10$ sind es $s_{10} = 19 - 18 \cdot 0{,}9^{10} \approx 12{,}72$

Für n gegen unendlich ($n \to \infty$) wird $0{,}9^n$ beliebig klein ($\lim\limits_{n \to \infty} 0{,}9^n = 0$) und es ergibt sich:

$$s_\infty = 1 + \frac{2 \cdot 0{,}9}{1 - 0{,}9} = 1 + \frac{1{,}8}{0{,}1} = 19$$

und eindeutiges Ergebnis für die Länge des Gesamtweges! Also kommt der Ball doch zur Ruhe!

* Grenzwert der unendlichen geometrischen Reihe

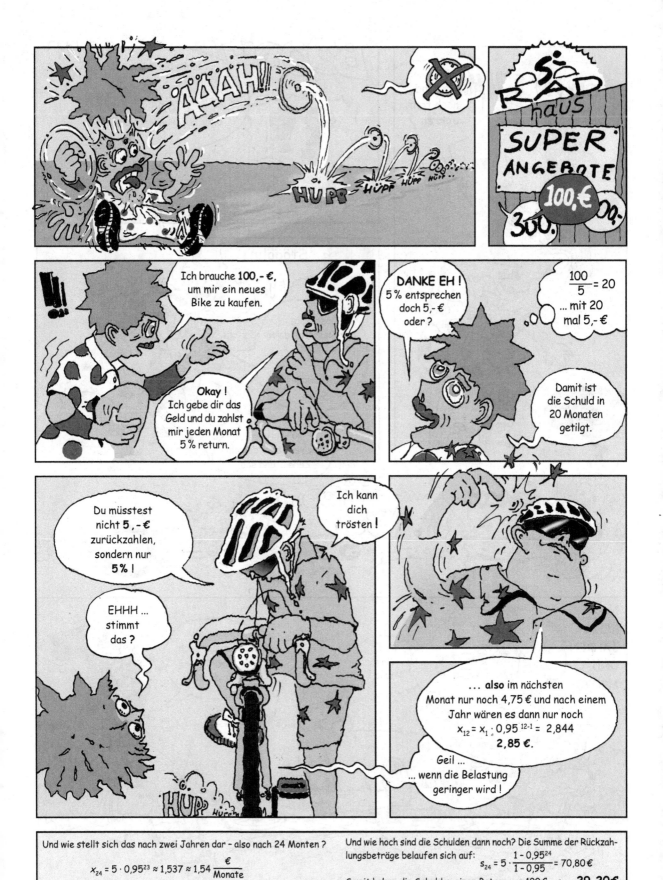

Und wie stellt sich das nach zwei Jahren dar – also nach 24 Monten?

$$x_{24} = 5 \cdot 0{,}95^{23} \approx 1{,}537 \approx 1{,}54 \ \frac{€}{\text{Monate}}$$

Und wie hoch sind die Schulden dann noch? Die Summe der Rückzahlungsbeträge belaufen sich auf:

$$s_{24} = 5 \cdot \frac{1 - 0{,}95^{24}}{1 - 0{,}95} = 70{,}80€$$

Somit haben die Schulden einen Betrag von $100€ - s_{24} = \mathbf{29{,}20€}$

Nach acht Jahren wären das: $x_{95} = 5 \cdot 0{,}95^{95} \approx 0{,}04\,€$

insgesamt : $s_{96} = 5 \cdot \dfrac{1 - 0{,}95^{96}}{1 - 0{,}95} \approx 99{,}27$

Ein Cent ist die unterste Grenze der Rückzahlung in der Geschäftswelt.
Wann wäre man schuldenfrei?

$0{,}01 = 5 \cdot 0{,}95^n$

$$n = \dfrac{\ln \dfrac{0{,}01}{5}}{\ln 0{,}95} \approx 121{,}2$$

das sind
10 Jahre
und 2 Monate !

THEMATISCHE EINORDNUNG

Wann endet die Auf- und Abwärtsbewegung einer Kugel, die zu Boden fällt? Hier scheidet sich die logische von der praktischen Denkweise. Hier offenbart sich auch der Ursprung der Mathematik – nicht in der Sklavenarbeit von stupiden Rechenknechten, die formal irgendwelche sinnlosen Aufgaben mit und ohne Taschenrechner bewaffnet lösen wollen und es manchmal sogar vermögen. Es geht um den inneren Sinn der Dinge und das, „was die Welt im Innersten zusammenhält", wie es Goethe in seinem Faust ausdrückt.

Der Gesamtweg des Tennisballes, der aus einer Höhe von 1 m auf den Boden fällt und bei jedem Aufprall 10 % seiner Energie verliert, kann zu 19 m berechnet werden, vor allem aber ist er endlich, auch wenn es nach der klassischen Denkweise durch die unendlich vielen Bewegungen paradox klingt.

Dieses Ergebnis wird nur als Grenzwert einer unendlichen geometrischen Reihe mit $q = 0{,}9$ ($|q| < 1$ – Konvergenz der Reihe) und nicht als Summe einer unendlichen Anzahl von Summanden (einzelne Fall- und Steigbewegungen) erhalten!

Eine Zahlenfolge $\{x_n\}$ hat den Grenzwert g (Schreibweise $\lim\limits_{n \to \infty} x_n = g$) genau dann, wenn sich der Abstand zwischen den Gliedern der Zahlenfolge und g beliebig klein machen lässt.

Mathematisch exakt: Für alle noch so kleinen, aber positiven $\varepsilon > 0$ gibt es ein $N(\varepsilon)$, sodass für alle Gliednummern $n \geq N$ gilt : $|x_n - g| < \varepsilon$

Beispiel: Grenzwert der Summe einer geometrischen Reihe

$$\lim_{n \to \infty} s_n = \lim_{n \to \infty} x_1 \frac{1 - q^n}{1 - q} = \frac{x_1}{1 - q} \text{ für } |q| < 1$$

WETTLAUF ZWISCHEN ACHILLES UND EINER SCHILDKRÖTE

UND DIE MATHEMATIK IN DER GESCHICHT ...*

Achilles läuft mit einer **Schildkröte** um die Wette und gibt ihr einen Vorsprung von einem Stadion. Er läuft mit der zehnfachen Geschwindigkeit der Schildkröte hinterher und versucht sie einzuholen. Doch immer, wenn Achilles den Vorsprung der Schildkröte aufgeholt hat, hat sie schon wieder einen zwar immer kleiner werdenden, aber endlichen Vorsprung, und dies hört nie auf. Das widerspricht der praktischen Erfahrung.

Lösung des Problems:

Der Einholvorgang kann zwar durch die genannten Überlegungen in unendlich viele gedankliche Abschnitte aufgeteilt werden, aber daraus folgt noch lange nicht, dass die dafür benötigte Zeit unendlich ist. Die benötigte Zeit (und der benötigte Weg) ergibt sich als Grenzwert der Summe einer unendlichen, aber konvergierenden geometrischen Reihe.

Allgemein:

a: Vorsprung der Schildkröte
Achilles habe die n-fache Geschwindigkeit
(Beispiel: bei zehnfacher Geschwindigkeit $n = 10$)
Achilles legt dann folgende Wegstrecken zurück:

$$a; \frac{a}{n}; \frac{a}{n^2}; \ldots$$

Als Summenwert ergibt sich der Grenzwert der unendlichen Reihe:

$$s = a + \frac{a}{n} + \frac{a}{n^2} + \ldots,$$

der sich entsprechend der Formel von Seite 146 berechnet zu:

$$s = \frac{a}{1 - \frac{1}{n}} = \frac{n \cdot a}{n - 1}$$

Ergebnis:

Es ergibt sich eine unendliche geometrische Reihe von Wegstrecken, deren Summe gegen den Wert

$$s = \frac{1}{1 - \frac{1}{10}} = \frac{10}{9} = 1{,}111 \ldots \text{ Stadien konvergiert.}$$

Nach 1,2 Stadien hat Achilles die Schildkröte mit Sicherheit überholt.
Auch diese Aufgabe ist ganz „klassisch" durch ein Gleichungssystem mit zwei Variablen zu lösen.

$$t_A = t_S = t \quad \text{(die Laufzeiten sind gleich).}$$

$$v_A = \frac{s_A}{t} \qquad v_S = \frac{s_S}{t}$$

v_A: Geschwindigkeit des Achilles
s_A: Wegstrecke des Achilles
v_S: Geschwindigkeit der Schildkröte
s_S: Wegstrecke der Schildkröte

$$v_A = 10 \cdot v_S$$
(Achilles hat die zehnfache Geschwindigkeit)

$$s_A = s_S + 1 \text{ (Stadion)}$$
(Achilles läuft ein Stadion mehr).

$$10 v_S = \frac{s_A}{t}$$
$$\frac{10 s_S}{t} = \frac{s_A}{t} \qquad s_S = s_A - 1$$

$$10(s_A - 1) = s_A \quad 9 s_A = 10 \quad s_A = \frac{10}{9}$$

Das Ergebnis stimmt mit dem Grenzwert der unendlichen Reihe der Teilstücke von Wegstrecken, die Achilles zurücklegt, überein!

JA, JA ... NEIN, NEIN ... DIE FAMOSEN MERKWÜRDIGEN WETTLÄUFE DES ACHILLES. • • • ES BEGANN DAMIT, DASS DIE GÖTTERLÄSTERUNG FÜR NYMPHE ENTSETZLICHE FOLGEN HATTE UND GÖTTERVATER ZEUS IHR DIE SPRACHE NAHM UND BEFAHL, DAS HAUS AUF DEM RÜCKEN ZU TRAGEN, UM SO VERWANDELT DEN WETTLAUF MIT ACHILLES ZU GEWINNEN. ABER ...

?? ... work out!

151

THEMATISCHE EINORDNUNG

Zeno aus Elea, im Jahr 490 v. Chr. geb., gilt als der Erfinder der Kunst des wissenschaftlichen Argumentierens. Er bediente sich einer überaus scharfsinnigen und mitunter verletzenden Kunst der Beweisführung. Seine Gegner nannten ihn den „Erfinder der sophistischen Zankkunst", denn er widersprach einer Behauptung seiner Mitmenschen grundsätzlich. Aristoteles allerdings nannte Zeno den Erfinder der Dialektik.

Zeno vertrat die Lehrmeinung, dass der schnellste Mann der Antike, der Halbgott **Achilles,** eine langsame Schildkröte niemals einholen kann, wenn dieser ein gewisser (aber endlicher!) Vorsprung eingeräumt wird. Achilles läuft mit einer Schildkröte um die Wette und gibt ihr einen Vorsprung von einem Stadion. Auch wenn Achilles mit der zehnfachen Geschwindigkeit der Schildkröte hinterherläuft, erreicht er sie nie, denn hat er den ersten Vorsprung aufgeholt, so hat die Schildkröte inzwischen wieder einen Vorsprung von 0,1 Stadien erlaufen, ist schließlich Achilles an dieser Stelle, so ist die Schildkröte ein Hundertstel Stadion voraus – und dieses immer weiter fortgesetzt.

Zwar wird der Vorsprung der Schildkröte immer kleiner, doch ganz verschwinden kann er nicht, wie zumindest Zeno vor fast zweieinhalbtausend Jahren behauptete. Zeno begründet seine These damit, dass jeder endliche Vorsprung der Schildkröte, mag er sich auch im Verhältnis der unterschiedlichen Laufgeschwindigkeiten immer mehr verkleinern, von dieser genutzt werde, um stets einen neuen Vorsprung zu erlangen. Damit habe der Einholvorgang des Achilles unendlich viele Abschnitte, die in einem endlichen Zeitabschnitt nicht zu bewältigen seien.

WANN IST DER KAFFEE KALT?

Und die Mathematik in der Geschicht ...*

Ein Beispiel für eine Modellbildung mit fraglichem praktischem Nutzen:

Durch ausreichend viele Versuche kamen die Physiker eines Institutes in vielen Jahren Kaffeepause zu der Erkenntnis, dass sich die Temperatur des Kaffees in einer Tasse unter der Voraussetzung einer konstanten Umgebungstemperatur von 20°C nach der Funktion

$$w(t) = 20 + 70 \cdot 2^{-0,061t}$$

verändert.

$w(t)$ gibt dabei die erreichte Temperatur in Grad Celsius an, wenn t das Zeitintervall der Abkühlung darstellt (in Minuten gemessen).

Die Tabelle für die angegebene Funktion lautet:

Zeit t in Minuten	0	1	2	3	10	15
$w(t)$ Temperatur in Grad Celsius	90	87,1	84,3	81,7	65,9	57,1

Für $t = $ 60 Minuten (eine Stunde): w(60) = 25,5.
Für $t = $ 300 Minuten (fünf Stunden): w(300) = 20,00021689.

Die Temperatur ist immer „etwas" höher als die Raumtemperatur

w(180) = 20,035 (nach drei Stunden), doch

$$\lim_{t \to \infty} (20 + 70 \cdot 2^{-0,061t}) = 20.$$

Nach einer festen (endlichen) Zeit kann die Temperatur des Kaffees nicht mehr von der Raumtemperatur unterschieden werden.

Die grafische Darstellung der Funktion

$w(t) = 20 + 70 \cdot 2^{-0,061t}$:

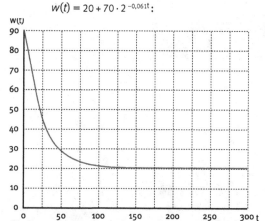

EIN FORSCHERTEAM SITZT IN ERNSTER BERATUNG UNTER LEITUNG EINES RENOMMIERTEN PROFESSORS UND FORSCHT INTENSIV DANACH ...

Hmm ... naja ...

... was könnte man noch so erforschen?

?!

Ich, ich würde gern vorschlagen ...

... den Ganzkörperscanner!!!

Ha ... typisch Assi. Das gibt es bereits, Kollege!

*Grenzwert der e-Funktion mit negativem Exponenten

155

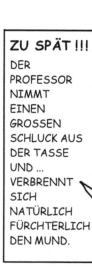

ZU SPÄT!!!
DER PROFESSOR NIMMT EINEN GROSSEN SCHLUCK AUS DER TASSE UND ... VERBRENNT SICH NATÜRLICH FÜRCHTERLICH DEN MUND.

Oops!

Au weiaaa ... das tut weh !!!

DER STELLVERTRETER KANN EIN SCHADENFROHES GRINSEN KAUM VERBERGEN. LÄSST ER SICH DOCH VON DER PRAKTIKANTIN ZWEI STÜCKCHEN EISWÜRFEL IN DEN KAFFEE TUN.

Das ist doch ein ganz gemeiner Trick, Kollege.

Hi, hiii ...

... mit einem Zug! Chef!

Tja ... mit fortschreitendem Alter lässt auch das Gefühl für die Temperatur des Kaffees nach.

Nun ja, Temperaturen können zumeist einen absoluten Wert haben. Den liest man am Thermometer ab.

Ja ... und zweitens ?

Und zweitens: haben sie auch einen relativen Wert, wie es eben in der Arktis bei null Grad Celsius warm und in der Wüste bei null Grad kalt ist.

WOW!

... der sägt am Stuhlbein des Chefs!

DOCH! SO MEINT EIN ASSISTENT, DEM CHEF BEI DEN ATTACKEN SEIN STELLVERTRETERS ZU HILFE EILEND.

Frischer Kaffee ist doch eine Frage des Geschmacks, denn der hängt davon ab, wie viel ...

THEMATISCHE EINORDNUNG

Ein mathematisches Modell muss die Realität widerspiegeln.

Von besonderer Bedeutung für die Modelle in der Naturwissenschaft ist die Exponentialfunktion mit der Basis e. Die irrationale Zahl e ist eine Konstante, die als Dezimalzahl nur so genau wie notwendig, aber nie ganz genau angegeben weden kann. Die irrationale Zahl kann unter anderem als Grenzwert einer unendlichen Folge definiert werden:

$$e = \lim_{n \to \infty} \left(1 + \frac{1}{n}\right)^n$$

Für $n = 100$ ist

$$\left(1 + \frac{1}{100}\right)^{100} = 1,01^{100} \approx 2,7048138\ldots;$$

für $n = 1\,000\,000$ ist

$$\left(1 + \frac{1}{1000000}\right)^{1000000} = 1,000001^{1000000} \approx 2,718280469\ldots$$

Beispiel für eine Exponentialfunktion ist die Funktion

$$y = f(t) = ae^{kt},$$

wobei y die Menge in Abhängigkeit von der Zeit angibt und a der Bestand zum Zeitpunkt $t = 0$ bedeutet.

k ist der Wachstumsfaktor.

Bei $k > 0$ liegt ein Wachstum vor und bei $k < 0$ ein Zerfall oder Abklingen.

STETIGKEIT IN RAUM UND ZEIT

UND DIE MATHEMATIK IN DER GESCHICHT ...[*]

Nur stetige Funktionen lassen sich für alle x-Werte des Definitionsbereiches durch einen Kurvenzug darstellen, der ohne abzusetzen („in einem Zug") gezeichnet werden kann.

Beispiele:

1. Ganzrationale Funktionen sind für alle reellen Zahlen stetig.

2. Gebrochenrationale Funktionen sind für die reellen Zahlen (x) unstetig, die in die Nennerfunktion eingesetzt, den Wert null ergeben, denn dort sind die Funktionen gar nicht definiert und können somit auch nicht für alle reellen Zahlen stetig sein.

3. Wurzelfunktionen sind für die reellen Zahlen stetig, für die sie definiert sind und für die der Radikand stetig ist.

4. Exponentialfunktionen sind für alle reellen Zahlen stetig, wenn Division durch null im Argument ausgeschlossen bleibt.

5. Sinus– und Kosinusfunktion sind für alle reellen Zahlen stetige Funktionen. Die Tangensfunktion hat Polstellen für alle ungeradzahligen Vielfachen von

$$\frac{\pi}{2} \, (90°), \text{ wie z.B. } -\frac{\pi}{2}, \frac{\pi}{2}, \frac{3\pi}{2}, ...$$

und ist im Gesamtverlauf damit unstetig.

Beispiele:

1. $y = \frac{x}{x}$ mit $x \neq 0$ (grüne Kurve) – Jede Zahl durch sich selbst dividiert ergibt mit Ausnahme einer Ausnahme eins, die Division durch null ist verboten. Durch die Lücke bei $x = 0$ ist die Funktion unstetig.

2. $y = \frac{1}{x}$ mit $x \neq 0$ (blaue Kurve) – die Funktion hat bei $x = 0$ eine Polstelle und ist deswegen unstetig.

3. $y = \frac{|x|}{x}$ mit $x \neq 0$ (rote Kurve) – die Funktion ist unstetig, da sie bei $x = 0$ eine Lücke und eine Sprungstelle hat.

4. $y = |x|$ (grüne Kurve) – die Funktion ist stetig, auch wenn sie für $x = 0$ einen Knick hat.

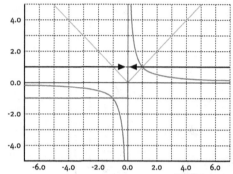

JAGDPILOTEN DER US AIR FORCE STÜRMEN MIT IHREN STEALTH FIGHTERN IN DEN ENDLOS ERSCHEINENDEN HÖHEN VON DER ERDE WEG UND LASSEN SICH FASZINIEREN VON DEN WEITEN DES RAUMES UND SEINEN DREI DIMENSIONEN.

Shit !

... Höhe 50 Meilen, 80 Kilometer über den Erdboden.

Befehl vom Commander. Zurück zur Basis ... ab hier bestimmt die NASA !!!

UND ALS SIE DAS FÜR UNANGEMESSEN HALTEN, BEKOMMEN SIE DEN AUFTRAG, SOFORT AUF DEM NASA-GELÄNDE ZU LANDEN.

[*] Stetigkeit von Funktionen

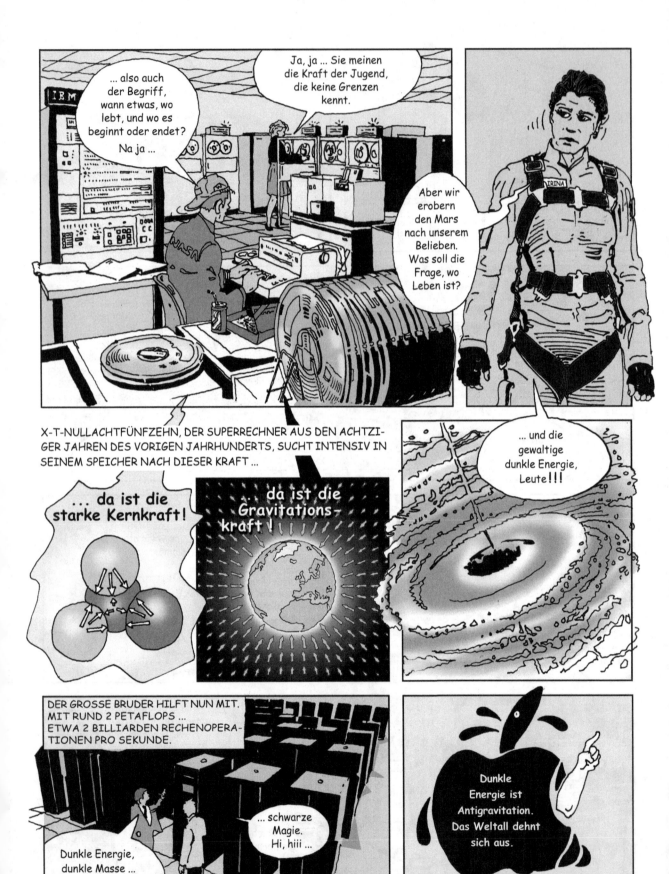

Thematische Einordnung

Der Nachweis der Stetigkeit einer Funktion hat besondere Bedeutung in der Infinitesimalrechnung – damit wird beispielsweise gesichert, dass die einzelnen Funktionselemente (aus der Wertetabelle) sich durch eine geschlossene Linie (lückenlos) verbinden lassen.

Die Stetigkeit einer Funktion ist eine hinreichende Voraussetzung für Integrierbarkeit und eine notwendige für die Differenzierbarkeit. Eine Funktion ist in einem Punkt x_0 ihres Definitionsbereiches stetig, wenn sie

(1) in x_0 definiert ist,

(2) einen Grenzwert in x_0 hat und

(3) dieser Grenzwert mit dem Funktionswert $y(x_0)$ übereinstimmt

$$y(x_0) = \lim_{x \to x_0} f(x)$$

Eine Funktion wird als stetig bezeichnet, wenn sie in allen Punkten ihres Definitionsbereiches stetig ist. Also noch einmal anschaulich:

Stetige Funktionen dürfen keine Lücken oder Sprünge haben. Für die Stetigkeit ist ein Knick im Graphen der Funktion kein Hinderungsgrund – allerdings ist die Funktion an dieser Stelle nicht differenzierbar.

LEIBNIZ' ZUGANG: WENN DREIECKSSEITEN VERSCHWINDEN

UND DIE MATHEMATIK IN DER GESCHICHT ...*

Der Differenzenquotient ist der Wert für den Anstieg der Sekante durch die Kurvenpunkte $P_1(x_1;f(x_1))$ und $P_2(x_2;f(x_2))$

$$\tan(\alpha) = \frac{\Delta y}{\Delta x}$$

Der Differenzenquotient kann berechnet werden, wenn die Koordinaten von zwei Kurvenpunkten bekannt sind. Diese Punkte müssen verschieden voneinander sein ($\Delta x \to 0$), da Division durch null verboten war, ist und bleibt!

$$\frac{\Delta y}{\Delta x} = \frac{f(x_2) - f(x_1)}{\Delta x} \qquad \Delta x = x_2 - x_1$$

oder

$$\frac{\Delta y}{\Delta x} = \frac{f(x_1 + \Delta x) - f(x_1)}{\Delta x}$$

Der Grenzwert des Differenzenquotienten für $\Delta x \to 0$ ist, falls er existiert, die Steigung der Tangente im Punkt P_1 (siehe Abb. rechts oben), die als Ableitung der Funktion an der Stelle x_1 bezeichnet wird.

Wie lautet der Differenzenquotient der Funktion

$$f(x) = 3x^2 - 2x + 2 \quad \text{an der Stelle} \quad x_1 = x?$$

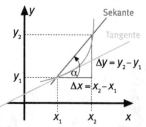

Erläuterung: Zur Berechnung von $f(x + \Delta x)$ wird in die Funktionsgleichung $x + \Delta x$ eingesetzt:

$$f(x + \Delta x) = 3(x + \Delta x)^2 - 2(x + \Delta x) + 2$$

Der Wert $f(x)$ ist gegeben: $f(x) = 3x^2 - 2x + 2$

Damit gilt:

$$f(x + \Delta x) - f(x) = 3(x + \Delta x)^2 - 2(x + \Delta x) + 2 - (3x^2 - 2x + 2)$$
$$= \Delta x(6x + 3\Delta x - 2)$$

Differenz der x-Werte: Δx
Demzufolge heißt der Differenzenquotient:

$$\frac{\Delta y}{\Delta x} = \frac{\Delta x(6x + 3\Delta x - 2)}{\Delta x} = 6x - 2 + 3\Delta x$$

für alle $\Delta x \neq 0$

Ausblick: $\lim\limits_{\Delta x \to 0}(6x - 2 + 3\Delta x) = 6x - 2$ gibt die Tangenten-steigung an, in Abhängigkeit von x.

Dann kann ich dem bayerischen Minister mitteilen, dass es auch bei uns Berge gibt!

... na, was grübeln Sie? Bestimmen Sie endlich die Neigung ...

... und dann kommen Sie bitte her!

Hmm ...

Als Gelehrter darf ich keinen Fehler machen!

INZWISCHEN HABEN DIE BIKER DER „HELLS DEVILS" DIE BEIDEN ERREICHT UND STOPPEN SOFORT.

... ne geile Fahrt, Alter!

Stopp!

JAUU ...

EHHH ... Können wir euch helfen?

Na hallo!

Ein Experiment. Wir werden ein Stück der Straße abtragen, um ein waagerechtes Stück zu erhalten ...

EHH ALTER ...
Wir helfen dir. KLAROOO!

Herr ... Leibniz bitte!

O.K. ... ich sag du!

Raus mit dem Werkzeug, Leute! Zackig! Schippen, Spaten, Brechstangen haben wir!

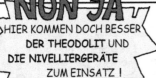

... macht mal ohne mich die „Messe" ...

THEMATISCHE EINORDNUNG

Mit welcher Anstrengung der letzte Universalgelehrte **Gottfried Wilhelm Leibniz** (1646–1716) das Problem löste, an einer bestimmten Stelle einer beliebig gekrümmten Funktion den Anstieg der Tangente zu finden und damit einen (sicheren) Zugang zur Infinitesimalrechnung zu erschließen, wird von **Christa Johannes** in einem Lebensroman beschrieben, der 1966 zum 250. Todestag erschienen ist. Es war ein Zugang zur Arbeit mit Grenzwerten, ohne zunächst zu wissen, was Grenzwerte sind – es war ein Übergang von der endlichen (finiten) Mathematik zur Infinitesimalrechnung, die Größen einbezieht, die unter jede Grenze fallen oder über jede Grenze wachsen. Der Anstieg als das Verhältnis von Gegenkathete zu Ankathete im rechtwinkligen Dreieck wird immer als Tangenswert berechnet. Doch was, wenn die Ankathete immer kleiner und im Grenzfall null wird?

Dann beginnt eine neue Mathematik – die Infinitesimalrechnung (Differenzialrechnung und Integralrechnung mit dem Grenzwertbegriff als theoretischer Grundlage).

NEWTONS ZUGANG: WENN WEGSTRECKEN IMMER KLEINER WERDEN

UND DIE MATHEMATIK IN DER GESCHICHT ...*

Die Geschwindigkeit ist der Quotient aus einer Wegdifferenz und einer Zeitdifferenz (eine endliche Länge). Die Beschleunigung ist der Quotient aus einem Geschwindigkeitsunterschied (Differenz) und einer Zeitdifferenz (eine endliche Zeitspanne).

In beiden Fällen geben die zugehörigen Differenzenquotienten einen Durchschnittswert für die Geschwindigkeit bzw. Beschleunigung in diesem (endlichen) Zeitabschnitt an. Je kleiner die Zeitspanne wird, in der die Messung erfolgt, um so näher liegt die Durchschnittsgeschwindigkeit an der

Momentangeschwindigkeit (Geschwindigkeit in einem bestimmten Moment). Der Grenzwert des Differenzenquotienten für immer kleiner werdende Zeitabschnitte (d.h. auch kleiner werdende Wegstrecken) ist die Momentangeschwindigkeit (erste Ableitung der Weg-Zeit-Gleichung nach der Zeit).

Die Momentanbeschleunigung ergibt sich als Ableitung der Geschwindigkeit-Zeit-Gleichung nach der Zeit oder als zweite Ableitung der Weg-Zeit-Gleichung nach der Zeit.

In einem Experiment sind drei Weg-Zeit-Gleichungen bestimmt worden.

Weg-Zeit-Gleichung	Geschwindigkeit-Zeit-Gleichung	Beschleunigung	Bewegung
$s = 0{,}2t - 5$	$v = \dot{s} = \dfrac{ds}{dt} = 0{,}2$	$a = \dot{v} = \dfrac{dv}{dt} = \dfrac{d^2s}{dt^2} = 0$	gleichförmig
$s = 0{,}3t^2 - 0{,}2t + 5$	$v = \dot{s} = \dfrac{ds}{dt} = 0{,}6t - 0{,}2$	$a = \dot{v} = \dfrac{dv}{dt} = \dfrac{d^2s}{dt^2} = 0{,}6$	gleichmäßig beschleunigt
$s = 2t^3 - 5t^2 + 6$	$v = \dot{s} = \dfrac{ds}{dt} = 6t^2 - 10t$	$a = \dot{v} = \dfrac{dv}{dt} = \dfrac{d^2s}{dt^2} = 12t - 10$	ungleichförmig

Die Geschwindigkeit wird mit der Maßeinheit Längeneinheit durch Zeiteinheit gemessen. Für die Grundeinheiten bedeutet das Meter pro Sekunde, für praktische Angaben mit den abgeleiteten Einheiten Kilometer pro Stunde. Da einem Kilometer 1000 Meter und einer Stunde 3600 Sekunden entsprechen, ist ein Meter pro Sekunde 3,6 Kilometer pro Stunde; einem Kilometer pro Stunde entsprechen etwa 0,28 Meter pro Sekunde.

AUF EINER STRASSE WIRD EINE STRECKE VON 100 METERN ABGESTECKT UND ALLES ZUR KONTROLLE VORBEREITET.

... und ich **RECHNE** ...

... ich **STOPPE** die Zeit ...

... ich rufe **JETZT** !!!

Jipiiieee und **TEMPO** !!!

... und **JETZT**, die Zeit läuft.

Genau 10 Sekunden!

30 km/h sind 30 000 m/h sind 8,3 m/s. Geschwindigkeit ist Weg durch Zeit, 100 m durch 10 s, also 10 m/s ...

... und das waren hier ganz genau **36 km/h.**

STOPP!

... und runter vom Rad.

Das gibt 'ne **STRAFE** gemäß Bußgeldkatalog.

... vermute lt. der Tabelle 30,- €?

INZWISCHEN RAST EIN AUTO DURCH DIE MESS-STRECKE.

Da war doch was!

Na und? Ja, ja ...

BLÄÄÄ

Na, wenn das nicht zu schnell ist!?

Bitte laden

Wir haben Glück. Da steht die Ladesäule.

Komm! Hilf mir bitte.

Wo bleiben die denn bloß, Herr Kollege?

Ich ... ich weiß nicht!

Kollegen Polizei, mir geht langsam der Akku aus!

ERROR

... ist doch toll, 'ne Pause auf der halben Strecke.

NUN KOMMT PROFESSOR SIR NEWTON MIT SEINEN STUDENTEN VORBEI.

Sir, was sagen Sie Sir?

HEEE! Der Prof wird sicher was beweisen.

Was soll nun aus der Polizeiaktion werden?

Ja wenn das länger als die Dienstzeit dauert, dann ?

OH!

Ja, wenn die Zeit gegen unendlich geht, dann geht die Geschwindigkeit gegen null.

AAHH!

Mir flog fast die Dienstmütze vom Kopf!

Die sind aber mit einem Affenzahn durch meinen Messpunkt.

Ich bezweifle, ob diese Art der Messung für eine juristische Wertung „wasserdicht" ist!

AUAAA!

Wieso nicht? Schließlich weiß man aus der Schule, dass die Geschwindigkeit der Quotient aus dem zurückgelegten Weg und der dafür benötigten Zeit ist!

ODER WAS?

THEMATISCHE EINORDNUNG

Es gibt zwei unterschiedliche Wege, um einen Einstieg in das „Tor zur höheren Mathematik" (Infinitesimalrechnung) zu finden.

Beide haben miteinander gemeinsam, dass sie praktische Probleme der Geometrie (**Leibniz**) oder der Mechanik (**Newton**) zum Ausgangspunkt ihrer Methode nehmen.

Beide praktischen Zugänge führen auf unterschiedlichem Weg zur gleichen Theorie der Mathematik. Der Prioritätenstreit, ob es der Engländer Newton war oder der Deutsche Leibniz, der die Infinitesimalrechnung erfunden hat, ist für Mathematiker uninteressant und wohl nur in der damaligen Zeit von „Fanclubs" hochgespielt worden. Der von Leibniz kann bestenfalls als der elegantere Zugang bezeichnet werden, denn seine

Schreibweisen sind bis in die heutige Zeit erhalten geblieben, während die von Newton nur noch historische Bedeutung haben. Beiden Zugängen ist jedoch auch noch gemeinsam, dass sie von den Grundlagen her nicht fundiert waren, da der Begriff des **Grenzwerts** erst viel später von dem Franzosen **Cauchy** definiert wurde.

FREILANDHÜHNER BRAUCHEN PLATZ

UND DIE MATHEMATIK IN DER GESCHICHT ...*

Angewandte Extremwertaufgaben können nach dem folgenden Schema gelöst werden:

ALLGEMEIN	BEISPIELAUFGABE (siehe Comic)

1. Aussage zum Extremum

1.1. Welche Größe soll extremal werden?

1.2. Welcher Art soll das Extremum sein?

1. Aussage zum Extremum

1.1. Die Fläche.

1.2. Fläche soll ein Maximum sein.

---

2. Funktionsgleichung für die nach 1.2 zu bestimmende Größe aufstellen.

2.1. Von welchen Größen hängt die zu optimierende Größe ab?

2.2. Es ist die Funktionsgleichung für die zu optimierende Größe aufzustellen.
Dabei ist eine Formelsammlung oft äußerst nützlich, da man nicht alles im Kopf haben kann.

2. Funktionsgleichung der Fläche des Hühnerhofs.

2.1. Die Fläche hängt von der Länge und der Breite ab.
$A = f(x;y)$

2.2. $A = x \cdot y$

---

3. Hängt die zu optimierende Größe von mehreren Variablen ab?

NEIN – Gehe sofort zu Punkt 4.

JA – Es sind so viele Beziehungen aus dem Text herauszufinden, aufzulösen und in die Funktionsgleichung einzusetzen, dass diese nur noch eine unabhängige Variable enthält.

3. Die Fläche hängt von der Länge und der Breite, also von zwei Veränderlichen ab.

$U = 2x + y \qquad y = U - 2x$

In 2.2. eingesetzt: $A = x(U - 2x)$

$A = -2x^2 + Ux$

---

4. Bilden der Ableitungen

Es werden die beiden ersten Ableitungen gebildet.
Die Kennzeichnung sollte stets durch den Differenzenquotienten erfolgen, um sichtbar werden zu lassen, welche Variable nach welcher abgeleitet wird. In einigen Aufgaben und immer dort, wo es aus praktischen Gegebenheiten keine Zweifel gibt, wird auch ausdrücklich auf den Nachweis durch die zweite Ableitung verzichtet.

4.

$\dfrac{dA}{dx} = -4x + U$

$\dfrac{d^2A}{dx^2} = -4 < 0$

---

5. Notwendige Bedingung:

Die erste Ableitung der Zielfunktion wird null gesetzt, die Gleichung gelöst und damit die Stelle(n) bestimmt, an denen der (die) Extremwert(e) vorliegen können.

5. $f'(x) = -4x + U = 0$

$\qquad 4x = U$

$x = \dfrac{U}{4} = \dfrac{100}{4} = 25$

---

6. Hinreichende Bedingung:

Durch Einsetzen in die zweite Ableitung wird geprüft, ob ein Extremum vorliegt und ob es von der gesuchten Art ist.

6. $f''(x) = \dfrac{d^2A}{dx^2} = -4 < 0$

Maximum für alle x-Werte des Definitionsbereiches.

---

7. Die Werte der übrigen Variablen werden berechnet.

Die bereits aufgelösten Gleichungen finden sich unter 3. und 2.2.

7. $y = U - 2x = 100 - 50 = 50$

$A = 25 \cdot 50 = 1250$

---

8. In jedem Falle sollten die Ergebnisse sachlogisch überprüft werden.

8. Bei gegebenem Umfang ist das Quadrat das Rechteck mit dem größten Flächeninhalt.

Unter Berücksichtigung der in die Lösung einbezogenen Mauer ist das Ergebnis plausibel.

---

9. Durch den Antwortsatz werden die mathematischen Modellgrößen wieder in die praktischen der Aufgabe zurückübersetzt.

9. Wenn die der Mauer gegenüberliegende Zaunseite 50 m und die beiden anderen 25 m lang sind, ergibt sich ein maximaler Flächeninhalt von 1250 m².

DER TIERSCHUTZ-
VEREIN
VERGIBT DAS
„QUALITÄTS-
SIEGEL"
FÜR
FREILAUFENDE
HÜHNER
**ABER
BIOMÄSSIG!**

Okay !!!
... pro Huhn sind das
4 m².

Hier für
jeden die Folie
und die Pfosten.

Na,
dann los !

1.

HÜHNERHALTER

Mein Freilauf ist der Renner.
Das Rechteck misst
10 m · 40 m !

Hier lege
ich nie ein
Ei !

??

Nooo ...
Doping

Die Länge
des Zaunes hat
er voll ausgenutzt:
$U = 2(40 + 10) =$
$100\,m$ ...

... und die
Fläche beträgt
$A = 10 \cdot 40 =$
$400\,m^2$

**PLATZ FÜR
100 HÜHNER**

2. HÜHNER-
HALTER

Rechteck nach der 89er Norm.
Also genau:
20 m · 30 m !

... der kann
doppelt so viele
Eier bekommen !

Damit hat
auch er die volle
Zaunlänge:
$U = 2(20 + 30) =$
$100\,m$ ...

... die Fläche
beträgt immerhin
$A = 20 \cdot 30 =$
$600\,m^2$

**PLATZ FÜR
150 HÜHNER**

3.

HÜHNERHALTER

Der hat
Abitur?

... bei gegebenem Umfang ist das
Quadrat das Rechteck mit dem
größten Flächeninhalt !

... plus
1/4 Huhn !

Der is'
Mister
Abitur.

Das
stimmt !
$U = 2(25 + 25) =$
$100\,m$ ...

... und die
Fläche – hmm ...
$A = 25^2 = 625\,m^2$

**156 PLUS 1/4
HÜHNER**

THEMATISCHE EINORDNUNG

Größen aus der Praxis, die vom Wert einer oder mehrerer Variablen abhängig sind, sollen oft einen Extremwert annehmen – Kosten sollen beispielsweise minimal und der Gewinn maximal werden.

Dazu ist eine Funktionsgleichung für die Größe aufzustellen, die einen optimalen Wert erhalten soll. Hängt die zu optimierende Größe von mehr als einer unabhängigen Variablen ab, dann sind aus der Aufgabe so viele Gleichungen abzulesen und aufzustellen, dass die zu optimierende Größe nur noch von einer unabhängigen Variablen abhängt.

Diese Funktionsgleichung für eine Funktion mit einer unabhängigen Variablen ist nach dieser abzuleiten – es ist die erste und die zweite Ableitung zu bilden.

Die Gleichung für die erste Ableitung muss nun null gesetzt werden, damit die Werte oder der Wert bestimmt werden kann, der oder die notwendigerweise auf das Vorliegen einer Extremstelle hinweisen. Werden diese Werte oder dieser Wert in die zweite Ableitung eingesetzt und ist diese größer als null, dann liegt ein Minimum der abhängigen Variablen, bei einem Wert kleiner als null ein Maximum vor. Ist der Wert der zweiten Ableitung an

dieser Stelle jedoch gleich null, so kann keine Aussage gemacht werden, ob an dieser Stelle ein Extrempunkt vorliegt.

In jedem Fall ist anschließend der Wert des Extrempunktes zu bestimmen (Wert der abhängigen Variablen) und in einem Antwortsatz als Rückübersetzung der mathematischen Größen aus dem Modell in praktische Angaben darzustellen.

Ebenso ist eine sachlogische Überprüfung der Angaben vorzunehmen, denn „optimal" nach mathematischen Gesichtspunkten muss nicht immer übereinstimmen mit den praktischen Gegebenheiten, die der Problemstellung zugrunde liegen.

LAGER- UND TRANSPORTKOSTEN DER BÄCKEREI

UND DIE MATHEMATIK IN DER GESCHICHT ...*

Eine Bäckerei benötigt jährlich 1200 Sack Mehl, die pro Sack 30 € kosten. Eine Lieferung kostet 80 €, unabhängig von der Anzahl der gelieferten Säcke. Die Lagerkosten betragen konstant pro Sack 2,40 € und sind unabhängig von der Lagerzeit.

Wie viele Lieferungen sind zu vereinbaren, damit die Gesamtkosten für den Bäcker minimal sind?

Festlegung: Es werden n Lieferungen zu x Säcken geordert.

K = Warenkosten + Transportkosten + Lagerkosten

K =   KW   +   KT   +   KL

K = $1200 \cdot 30 + 80n + 2{,}4x$ soll minimal werden.

Lösung:

$$x \cdot n = 1200 \qquad n = \frac{1200}{x}$$

$$K = 36000 + \frac{96000}{x} + 2{,}4x$$

$$\frac{dK}{dx} = -\frac{96000}{x^2} + 2{,}4 \qquad \frac{d^2K}{dx^2} = \frac{192000}{x^3} > 0$$

Bestimmung des Minimums:

$$\frac{dK}{dx} = 0$$

$$\Rightarrow \frac{96000}{x^2} = 2{,}4$$

$$\Rightarrow 2{,}4x^2 = 96000$$

$$\Rightarrow x^2 = 40000$$

$$\Rightarrow x = 200$$

(Die zweite Lösung $x = -200$ gibt kein Sinn.)

$$n = \frac{1200}{200} = 6$$

Da $\frac{d^2K}{dx^2} > 0$, liegt ein Minimum vor.

Es sind sechs Lieferungen zu jeweils 200 Säcken zu vereinbaren, wodurch die Gesamtkosten

$$K = 36\,000 + 480 + 480 = 36\,960 \,€$$

betragen.

MAX UND MORITZ SITZEN IM SANDKASTEN UND BACKEN MIT SANDFÖRMCHEN KLEINE KUCHEN UND BRÖTCHEN FÜR DEN PAPA VON EINEM DER BEIDEN KINDER.

PLÄRRR ... Die spielen da backe, backe ... Kuchen !

Bä ... Bäää ...

Me ... Meh ...

Ich schwöre, mein Moritz soll einmal **Biobäcker** werden ! Einen Sandkuchen formt er schon.

Mein Kleiner, spiel doch lieber mit dem Holzbagger hier.

THEMATISCHE EINORDNUNG

Bei der Bestimmung von Extremwerten hängt die zu optimierende Variable von einer oder mehreren Variablen ab.

Vorgegeben ist meist eine verbale Problemstellung aus der Wirtschaft, der Technik oder der Naturwissenschaft, wobei ein nichtlinearer Zusammenhang zwischen der zu optimierenden Größe und den unabhängigen Variablen aufzustellen ist. Dabei kann die Verwendung von Formelsammlungen sehr hilfreich sein – in der Praxis ist jedoch die Teamarbeit von Fachleuten des jeweiligen Anwendungsberei-

ches mit Mathematikern zur Erfassung des Problems durch ein mathematisches Modell gefordert, um die wesentlichen Dinge der Fragestellung und die gegebenen Größen im Modell adäquat zu erfassen.

Dann arbeiten Mathematiker mit dem mathematischen Modell und machen einen mathematisch und rechentechnischen begründeten Lösungsvorschlag. Die Werte für die Größen des mathematischen Modells sind vor der Umsetzung in die Praxis durch die Fachleute des jeweiligen Anwendungsbereiches stets auf Brauchbarkeit zu überprüfen.

Es gibt viele Verfahren der nichtlinearen, der dynamischen, der ganzzahligen Optimierung. Bei der linearen Optimierung z.B. geht es darum, in einem Bereich, der durch lineare Restriktionen eingeschränkt ist, einen optimalen Punkt auf der Basis einer linearen Zielfunktion zu finden.

In der Schule werden Funktionen mit einer unabhängigen Variablen differenziert, die erste Ableitung null gesetzt, mögliche Extremstellen berechnet und in der zweiten Ableitung überprüft, ob es solche der gewünschten Art sind.

DIE LEITER MUSS IN DEN TURM

UND DIE MATHEMATIK IN DER GESCHICHT ...*

Wie hoch muss die Tür in einem Turm mit der Breite 4,80 Meter mindestens sein, damit eine Leiter mit der Länge 6,40 Meter durch die Öffnung in den Turm hineingebracht werden kann?
Natürlich ohne Zerlegung!

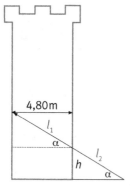

Aus dem angegebenen Bild ist ersichtlich:

$$l = l_1 + l_2 \qquad l_1 = \frac{4,80}{\cos(\alpha)} \qquad l_2 = \frac{h}{\sin(\alpha)}$$

Somit ist: $l = \dfrac{4,80}{\cos(\alpha)} + \dfrac{h}{\sin(\alpha)}$

oder $h = \left(l - \dfrac{4,80}{\cos(\alpha)}\right)\sin(\alpha)$

$$h = f(\alpha) = 6,40 \cdot \sin(\alpha) - \frac{4,80}{\cos(\alpha)}\sin(\alpha)$$

$$h = f(\alpha) = 6,40 \cdot \sin(\alpha) - 4,80 \cdot \tan(\alpha)$$

$$\frac{dh}{d\alpha} = 6,40 \cdot \cos(\alpha) - 4,80 \; \frac{1}{\cos^2(\alpha)}$$

$$\frac{d^2h}{d\alpha^2} = -6,40 \cdot \sin(\alpha) - 4,80 \cdot 2 \frac{\sin(\alpha)}{\cos^3(\alpha)} < 0 \text{ für } 0 < \alpha < 90°$$

$$0 = 6,40 \cdot \cos(\alpha) - 4,80 \frac{1}{\cos^2(\alpha)}$$

$$\cos^3(\alpha) = \frac{4,80}{6,40} = \frac{3}{4}$$

$$\cos(\alpha) = \sqrt[3]{\frac{3}{4}} \approx 0,909$$

Mit diesem Wert und $\sin(\alpha) = \sqrt{1 - \sqrt[3]{\dfrac{9}{16}}} \approx 0,418$ ergibt sich, dass die Öffnung am Boden des Turmes mindestens 47 Zentimeter hoch sein muss.

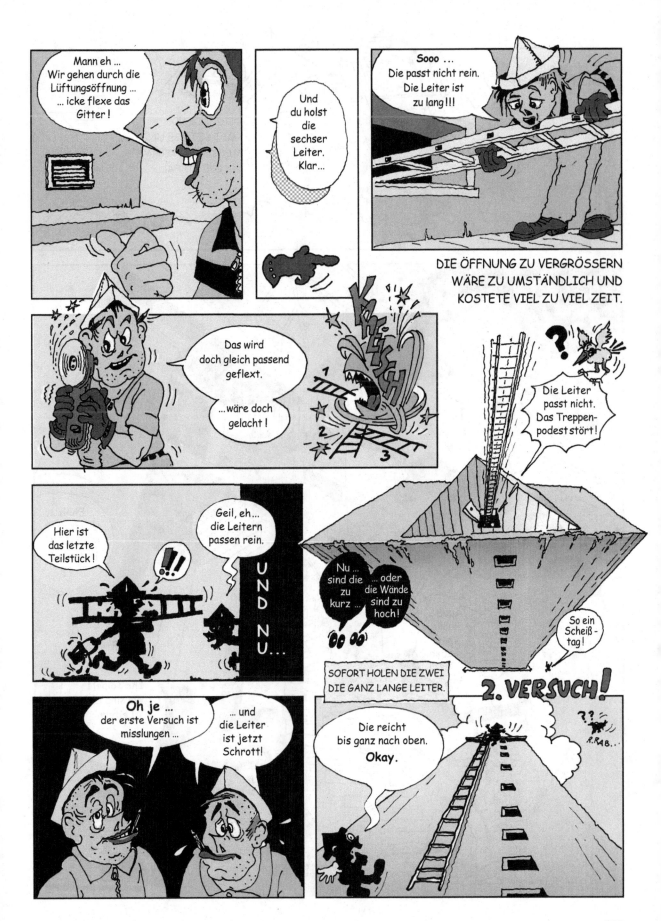

179

THEMATISCHE EINORDNUNG

Sicher kann man sich über die praktische Bedeutung mancher Extremwertaufgabe streiten. Nicht streiten wird man sich jedoch in Schülerkreisen, dass es sich bei der Lösung von Extremwertaufgaben meist um Aufgaben handelt, die im höchsten Kompetenzbereich angesiedelt sind. Es muss zunächst das Problem erfasst werden. Das heißt,

– welche Größe soll optimal werden (minimal oder maximal),

– von welchen Größen hängt die zu optimierende Größe ab,

– welcher Zusammenhang besteht zwischen der zu optimierenden und den ihren Wert bestimmenden Größen (unabhängige Variable),

– welcher Zusammenhang besteht zwischen den unabhängigen Variablen, wenn es mehrere davon gibt.

Bei den meisten Aufgaben ist es sehr hilfreich, wenn in einer Skizze das erkannte Problem erfasst wird. Dies erleichtert oder ermöglicht oft die Lösung eines geometrischen Problems.

Ob nun eine starre Platte um eine Ecke getragen oder eine Leiter in einen Turm geschoben werden soll – die Probleme unterscheiden sich mathematisch nicht.

VERSUCH ZUR QUADRATUR DES KREISES

UND DIE MATHEMATIK IN DER GESCHICHT ...[*]

Wie die antiken Griechen vor mehr als 2000 Jahren es taten, wollen wir dem Kreis n-Ecke einbeschreiben, um einen Näherungswert für die Fläche des Kreises zu erhalten.

Für $n = 3$ ergibt sich der Flächeninhalt des eingeschriebenen Dreiecks

$$A = 3 \cdot \frac{1}{2} \cdot r \cdot r \cdot \sin\left(\frac{360°}{3}\right) \approx \frac{3}{2} r^2 \cdot 0{,}8660 \approx 1{,}3 r^2$$

und damit eine äußerst schlechte Näherung.

Das n-Eck wird nun in n gleichschenklige Dreiecke zerlegt, deren Spitze im Mittelpunkt M liegt und deren Schenkel die Länge r (Radius) haben.

Dann hat die Basis die Länge:

$$\sin\left(\frac{360°}{2n}\right) = \frac{a}{2r} \qquad \boxed{a = 2r\sin\left(\frac{180°}{n}\right)}$$

h ergibt sich nach dem Satz des Pythagoras:

$$h^2 = r^2 - \left(\frac{2}{2} r \cdot \sin\left(\frac{180°}{n}\right)\right)^2$$

$$h^2 = r^2 \left(1 - \sin^2\left(\frac{180°}{n}\right)\right) \quad \text{und mit}$$

$$\cos^2\left(\frac{180°}{n}\right) = 1 - \sin^2\left(\frac{180°}{n}\right) \text{ folgt } \boxed{h = r \cdot \cos\left(\frac{180°}{n}\right)}$$

$$A = \frac{h \cdot a}{2} = \frac{1}{2} \cdot 2r^2 \cos\left(\frac{180°}{n}\right) \sin\left(\frac{180°}{n}\right)$$

Hilfsbeziehung:

$$2\cos\left(\frac{180°}{n}\right)\sin\left(\frac{180°}{n}\right) = \sin\left(\frac{360°}{n}\right) \quad [2\sin(a)\cos(a) = \sin(2a)]$$

$$A = \frac{1}{2} r^2 \sin\left(\frac{360°}{n}\right)$$

Und das n-Eck besitzt n derartige Dreiecke – also eine Gesamtfläche:

$$A = \frac{1}{2} r^2 n \cdot \sin\left(\frac{360°}{n}\right) \quad \text{mit} \quad \frac{1}{2} \cdot \lim_{n \to \infty}\left(n \cdot \sin\left(\frac{360°}{n}\right)\right) = \pi$$

Die näherungsweise Bestimmung der Kreisfläche mit elementargeometrischen Mitteln erfordert, soll sie ausreichend genaue Werte liefern, einen hohen Rechenaufwand und schwer zu verstehende Ableitungen. Die Lösung des Problems durch das bestimmte Integral

$$A = 4 \cdot \int_0^r \sqrt{r^2 - x^2}\, dx$$

bedeutet auch, dass ein Grenzwert bestimmt werden muss. In beiden Fällen ergibt sich

$$A = \pi \cdot r^2$$

für die Fläche des Kreises mit dem Radius r.

AN DER ZAUBERAKADEMIE IN SCHOTTLAND WIRD DER REKTOR IN DEN LANG VERDIENTEN RUHESTAND VERSETZT. NUN MUSS VON DEN ACHT MITGLIEDERN DES SCHULAUSSCHUSSES DER NEUE REKTOR FÜR DIE NÄCHSTEN 100 JAHRE GEWÄHLT WERDEN.

Mich kauft der nicht!

Den Zauberhut des Rektors will ich!!!

... aber ohne Manipulation.

... der zaubert das schon.

Wahl

[*] Kreisfläche

AM ABEND IST DIE WAHL MITHILFE ZAUBERHAFTER MANIPULATION BEREITS ENTSCHIEDEN. UND DER NEUGEWÄHLTE REKTOR ÜBT SICH IN GEFÄLLIGEN WOHLTATEN.

Den acht Mitgliedern des Schulrates spendiere ich einen neuen Konferenztisch.

AUS EINER NATURSTEINPLATTE WIRD EIN QUADRAT MIT DER SEITENLÄNGE VON 2 m GELASERT.

Jeder am Tisch erhält somit eine Kantenlänge von einem Meter.

DOCH ES HAGELT LAUTSTARKEN PROTEST VON ALLEN SEITEN DER **QUADRATISCHEN TAFEL!**

... die Ecke ist mir zu spitz!

Die Ecke hier stört!

... Protest!

?

?

... nicht ausgewogen!

... weg damit!

Vielleicht ein mal drei Meter?

... MAN SIEHT SOFORT, WER DEN HUT AUFHAT!

LÄNGE DER DIAGONALEN ZUR ECKE:

$\sqrt{2} = 1{,}41\,m$

Die Länge der Diagonalen müsste also um 0,41 m verkürzt werden!

1

D

1

THEMATISCHE EINORDNUNG

Die „Quadratur des Kreises", das heißt die Aufgabe, ein Quadrat mit dem gleichen Flächeninhalt wie ein gegebener Kreis nur mit Zirkel und Lineal zu konstruieren, war im antiken Griechenland ein viel diskutiertes, aber letztlich unlösbares Problem, was allerdings erst am Ende des 19. Jahrhunderts gezeigt werden konnte. Es wurde bewiesen, dass π (pi) eine transzendente Zahl ist.

Der Näherungswert, mit dem man im alten Ägypten arbeitete, nämlich

$$\frac{22}{7}$$

war dabei gar nicht so schlecht und reichte für praktische Berechnungen aus.

Damit konnten sich aber die philosophisch ambitionierten griechischen Mathematiker der Antike nicht abfinden!

Das Irrationale mieden sie tunlichst, doch gleichermaßen waren sie in besonderer Weise bemüht, irrationale Probleme elementargeometrisch zu lösen.

Bereits **Archimedes** versuchte den Kreisumfang und die Kreisfläche abzuschätzen, indem er sie mit Dreiecken ausfüllte, die sich dem Kreisbogen, je größer ihre Zahl ist, immer besser anpassen.

185

SUPERMAUS ODER MODELLFEHLER?

UND DIE MATHEMATIK IN DER GESCHICHT ...*

Bei einer bestimmten Mäuseart nimmt das Gewicht während der ersten zwanzig Wochen nach der Geburt mit einer sich ändernden wöchentlichen Wachstumsrate zu.

Sie beträgt, wenn seit der Geburt t Wochen vergangen sind,

$$v = m'(t) = \left(0{,}3 + 0{,}04t^2\right) \frac{g}{\text{Woche}}$$

Welches Gewicht hat eine Maus, die bei der Geburt zehn Gramm wiegt nach 10, 20 und nach 30 Wochen?
Die Masse der Maus nach t Wochen beträgt $m(t)$.
Die Zuwachsrate berechnet sich nach:

$m'(t) = 0{,}3 + 0{,}04t^2$

Nach t Wochen beträgt das Gewicht in Gramm:

$m(t) = \int_0^t \left(0{,}3 + 0{,}04x^2\right) dx + 10 = 0{,}3t + \frac{0{,}04}{3}t^3 + 10$

Nach einer Woche

$m(1) = 0{,}3 + \frac{0{,}04}{3} + 10 \approx 0{,}30 + 0{,}01 + 10{,}00 \approx 10{,}31$

beträgt das Gewicht 10,31 Gramm
(Zunahme 0,31 Gramm).

Nach 10 Wochen

$m(10) = 3 + \frac{0{,}04}{3} \cdot 1000 + 10 = 13 + \frac{40}{3} = \frac{79}{3} \approx 26{,}3$

sind es 26,3 Gramm.

Nach 20 Wochen

$m(20) = 6 + \frac{0{,}04}{3} \cdot 8000 + 10 = 16 + \frac{320}{3} = \frac{368}{3} \approx 122{,}7$

sind es 122,7 Gramm.

Nach 30 Wochen

$m(30) = 9 + \frac{0{,}04}{3} \cdot 27000 + 10 \approx 379$

wären es 379 Gramm, was unmöglich ist und den Schluss zulässt, dass die Wachstumsfunktion für so hohe Wochenzahlen nicht mehr brauchbar ist.

Das sind keine Supermäuse – Horrorvorstellung, wenn es so weitergehen sollte und keine Katze kommt! Nein, die Maus ist einfach ausgewachsen.

Die angegebene Wachstumsrate wird ausdrücklich auf 20 Wochen beschränkt. Abgesehen davon, dass auch diese Funktion in der angegebenen Zeit nur näherungsweise gilt, so ist es in keinem Fall zulässig, diesen Zeitraum um weitere zehn Wochen zu verlängern.

ES WAR EINMAL EIN SEHR ARMES MÄUSEPAAR, WELCHES NUR ZWEI KINDER, SALOME UND TARAS, HATTE, WÄHREND ANDERE PAARE MIT VIELEN KINDERN GESEGNET WAREN.

Die beiden hungern, ehhh!

... viele Kinder bringen viel Kindergeld und genug Käse und Speck!

HI, HI...

DOCH DA IST ES UM TARAS GESCHEHEN.

UND SO
LÄUFT
TARAS
IN DIE
PFOTEN
DES
KATERS.

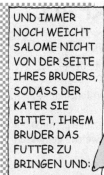

THEMATISCHE EINORDNUNG

Es gilt der **Hauptsatz der Differenzial- und Integralrechnung**: Ist f eine auf dem Intervall $[a;b]$ stetige Funktion, dann ist die

Funktion F mit $\quad F(x) = \int_a^x f(t)dt \quad$ auf diesem Intervall differenzierbar und es gilt $\quad \dfrac{dF(x)}{dx} = f(x)$

Die Ableitung der Stammfunktion ergibt den Integranden.

Beispiel: $\ln(1) = 0$

$$F(x) = \int_1^x \left(t^2 + \frac{1}{t} + 2\right)dt = \left(\frac{t^3}{3} + \ln|t| + 2t\right)\Big|_1^x = \frac{x^3}{3} + \ln|x| + 2x - \left(\frac{1}{3} + \ln(1) + 2\right) = \frac{x^3}{3} + \ln|x| + 2x - \frac{7}{3} \quad \text{und}$$

$$\frac{d\left(\frac{x^3}{3} + \ln|x| + 2x - \frac{7}{3}\right)}{dx} = x^2 + \frac{1}{x} + 2$$

FREIER FALL UND RADIOAKTIVER ZERFALL

UND DIE MATHEMATIK IN DER GESCHICHT ...*

Der **Hauptsatz der Integralrechnung** lautet:

a. $\dfrac{dF(x)}{dx} = f(x) \iff \int f(x)\,dx = F(x)$

b. $\int_a^b f(x)\,dx = F(b) - F(a)$

1. Die Weg-Zeit-Gleichung des freien Falls soll aus dem Geschwindigkeits-Zeit-Gesetz $v = g \cdot t$ bestimmt werden.

Es gilt $s'(t) = v(t) = g \cdot t$ und somit ergibt sich die Weg-Zeit-Gleichung:

$s = \int_0^t g \cdot t\,dt = \dfrac{g}{2} t^2$

Beim freien Fall handelt es sich um eine gleichmäßig beschleunigte Bewegung (mit $g \approx 9{,}81\,\frac{m}{s^2}$ auf der Erde).

2. Lösung der Differenzialgleichung: $y' \cdot y = x$

$\dfrac{dy}{dx} \cdot y = x \qquad y \cdot dy = x \cdot dx \qquad \dfrac{y^2}{2} = \dfrac{x^2}{2} + c$

Lösung: $y = \pm\sqrt{x^2 + 2c}$. Ist z.B. $y(1) = 1$ gegeben, folgt die Lösung $y = x$.

3. Der Zerfall von n radioaktiven Teilchen pro Zeit (Zerfallsgeschwindigkeit), der Differenzenquotient $\dfrac{dn}{dt}$, ist proportional zur Zahl der vorhandenen Teilchen $\dfrac{dn}{dt} \sim n$.

Der Proportionalitätsfaktor ist die spezielle Zerfallskonstante λ des radioaktiven Elementes, welche gemessen werden kann.

$\dfrac{dn}{dt} = -\lambda n$

Das negative Vorzeichen auf der rechten Seite der Differenzialgleichung zeigt an, dass die Zahl der radioaktiven Teilchen mit fortschreitender Zeit abnimmt.

$\dfrac{dn}{n} = -\lambda\,dt$

$\ln(n)\big|_{n_0}^{n} = -\lambda t\big|_0^t$

$\ln|n| - \ln|n_0| = -\lambda t$

$\ln\left|\dfrac{n}{n_0}\right| = -\lambda t$

$\dfrac{n}{n_0} = e^{-\lambda t} \qquad n = n_0 e^{-\lambda t}$

mit $n(t=0) = n_0$

EIN EHEPAAR BETRACHTET SEIN ALTES AUTO UND MEINT, DASS ES WOHL AN DER ZEIT IST, NUN ENDLICH EIN NEUES ZU KAUFEN.

... mir egal, aber die Farbe muss mir gefallen.

Also, ein Sportwagen, und mindestens 200 kW, und ...

*Differenzialgleichungen

191

UND SO UNTER-
SCHREIBEN SIE
DEN VERTRAG,
OHNE ABER DAS
KLEINGEDRUCKTE
ZU LESEN, DAS
EINE NUTZUNGS-
GEBÜHR PRO
GENUTZTEM
JAHR VON 18 PRO-
ZENT VOM NEU-
PREIS FESTLEGT.

Na also!
... klappt doch!

Na ...
habe ich
zuviel
verspro-
chen?

Voll Krass!
Eh Liebling,
... unser
Neuer!

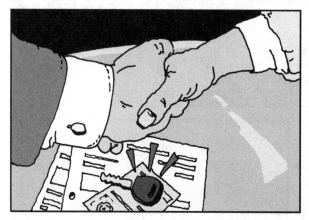

... und bitte nicht
vergessen,
18 Prozent von
15 000 € im ersten
Jahr sind
2 700 €.

NAKLASSE!

... mein Job ist
wohl gesichert.

Fünf Liter
Benzin
sind gratis!

Ja, ja ...
$\frac{2700}{12}$ € sind 225 €
pro Monat.

Und das
Auto noch
dazu!

NACH EINEM JAHR ...

Is'
O.K.

NACH ZWEI JAHREN ...

Is'
O.K.

Bedenken
Sie bitte
unser
Angebot.

NACH DREI JAHREN ...

O.K.
Danke!

THEMATISCHE EINORDNUNG

Wenn die momentane Wachstumsgeschwindigkeit $f'(t)$ zum Bestand $f(t)$ in der Zeit t proportional ist, dann drückt die Differenzialgleichung

$$f'(t) = k \cdot f(t)$$

einen natürlichen Wachstumsvorgang aus, wenn $k > 0$ ist, und einen natürlichen Zerfallsprozess, wenn $k < 0$ ist.

Eine Differenzialgleichung ist also ein Zusammenhang zwischen einer Funktion und deren Ableitung oder deren Ableitungen.

Die Lösung der Differenzialgleichung (DGL)

$$f'(t) = k \cdot f(t)$$

lautet:

$$f(t) = a \cdot e^{kxt},$$

da

$$\frac{df(t)}{dt} = k \cdot ae^{kxt}$$

in die DGL eingesetzt, eine Identität liefert.

Dabei gibt a den Anfangszustand zur Zeit $t = 0$ und somit den Bestand zu dieser Zeit an.

DGL werden nach der Ordnung der vorkommenden Ableitungen, nach den Koeffizienten vor den Ableitungen und Funktionen, aber auch danach eingeteilt, ob es sich um Ableitungen von Funktionen mit einer unabhängigen Variablen (gewöhnliche DGL) oder mehreren unabhängigen Variablen (partielle DGL) handelt.

WENN BEI DER INTEGRATION NICHTS MEHR GEHT

UND DIE MATHEMATIK IN DER GESCHICHT ...*

Problem:

Durch die Verfahren der numerischen Integration erfolgt die zahlenmäßige Berechnung von bestimmten Integralen:

$$\int_{x_1}^{x_2} f(x)\,dx$$

Geometrisch kann der Wert des Integrals als Flächenzahl einer Fläche gedeutet werden, die von oben durch die Funktion $y = f(x)$, von unten durch die x-Achse, rechts und links durch Parallelen zur y-Achse durch die Punkte x_1 und x_2 begrenzt wird.

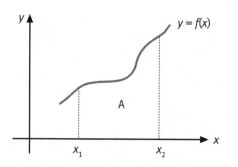

Anwendung der numerischen Integration

1. Die in der Theorie für die Berechnung des bestimmten Integrals selbstverständliche Forderung, dass die Funktionsgleichung $f(x)$ für eine stetige Funktion in geschlossener Darstellung vorliegt, ist in der Praxis recht selten erfüllt. Es ist schwierig und meist auch mit einem hohen Aufwand verbunden, die einzelnen Messpunkte durch Glättung mit einer vertretbaren Genauigkeit durch eine Funktionsgleichung $y = f(x)$ zu approximieren (etwa nach dem Prinzip der minimalen Quadratsumme nach Gauß).

2. Auch wenn $y = f(x)$ in expliziter Form gegeben ist, kann die zugehörige Stammfunktion oft überhaupt nicht oder nur durch schwierige und sehr aufwendige Integrationsmethoden in geschlossener Form ermittelt werden. In diesen Fällen bleiben ebenfalls die Verfahren der numerischen Integration.
   Beispiel: $\int e^{-x^2}\,dx$ („Gauß'sche Glockenkurve")

3. Ein weiteres Anwendungsgebiet ist das breite Feld, in dem die zu integrierende Funktion nur in grafischer Darstellung bekannt ist (Funktionsschreibgerät). Hier können ausgewählte Funktionselemente mit hinreichender Genauigkeit abgelesen und durch die Verfahren der numerischen Integration bearbeitet werden.

WENIG SPÄTER:

Häää ... wie viel ?

... und noch 'ne Maß !

Die Striche werden immer schräger.

Hier das Ergebnis ! Es wurden 142 Liter Bier von etwa 36 Studenten getrunken.

Na, auf den Inhalt.

GRÖHLEND VERLASSEN DIE ANGETRUNKENEN STUDENTINNEN UND STUDENTEN DEN HÖRSAAL UND FREUEN SICH SCHON AUF DAS KOMMENDE SEMESTER, AUF GENAU DIESE VORLESUNG.

UND DANN SITZEN SIE NACH EINEM HALBEN JAHR WIEDER ERWARTUNGSVOLL UND DURSTIG MIT IHREN BIERHUMPEN IM HÖRSAAL. **DOCH DA GIBT DER HÖRSAALDIENER FOLGENDES BEKANNT:**

Ich möchte Ihnen den neuen Professor, Herrn Kepler, vorstellen!

Naaa ... die werden sich noch wundern.

Prost!

Hauptsache ist hier das Bier!

Hä ???

Wohin damit, Herr Professor ?

Bitte sehr ...

Ich halte es wie mein Vorgänger. Eine Vorlesung zum Thema angewandte Mathematik.

Was soll die Theorie ?

... shit!

... was soll das? Ein leeres Fass, ohne Zapfhahn und mit offenem Spundloch?

Kein Bier ?

Silentium !

195

THEMATISCHE EINORDNUNG

Verfahren der numerischen Differenziation und der numerischen Integration gehören zu dem Gebiet der praktischen Analysis.

Hier zeigt sich eine sehr vorteilhafte gegenseitige Ergänzung der Anwendungsmöglichkeiten der Infinitesimalrechnung, wie sie in der Schule behandelt werden, und der Verfahren der praktischen Analysis als Teilgebiet der numerischen Mathematik.

In der **reinen Mathematik** führt die Anwendung der Differenziationsregeln bei differenzierbaren Funktionen mit Sicherheit zur gewünschten Ableitung.

Die Verfahren der numerischen Differenziation sind ungenau, da der Quotient von Differenzen (Auslöschungseffekt bei der Subtraktion) gebildet werden muss, der zudem einen Nenner hat, der gegen null konvergiert (Division durch sehr kleine Werte führt zu einer sehr hohen Ungenauigkeit).

Integration heißt: Grenzwertbildung einer Folge von Summen (numerisch völlig stabil!), deren Anzahl gegen unendlich geht und die Produkte (numerisch stabil!) darstellen, in denen ein Faktor gegen null geht. Hierbei zeigt sich die hohe Überlegenheit der numerischen Verfahren gegenüber denen, die eine Stammfunktion in geschlossener Form anstreben. Wie festgestellt wurde, verbleibt ohnehin in vielen Fällen der praktischen Integration nur die Möglichkeit der numerischen Integration.

WELCHE VÖGEL SIND DIE 100?

UND DIE MATHEMATIK IN DER GESCHICHT ...*

In der folgenden klassischen Aufgabe von den einhundert Vögeln aus dem Alten China ergeben sich für die drei Tierarten (Gänse, Hennen und Küken) aus den Angaben in einem alten Rechenbuch nur zwei Gleichungen.

Jemand kauft Gänse zu je zehn Groschen, Hühner zu je fünf Groschen und Küken zu je einem Groschen – insgesamt 50 Tiere für 100 Groschen. Wie viele Hühner hat er gekauft?

Es sind als Lösungen nur Tripel von natürlichen Zahlen zugelassen – Anzahl der Tiere!

Anzahl der Gänse: G, Anzahl der Hühner: H, Anzahl der Küken: K

Er kauft insgesamt fünfzig Tiere: $G + H + K = 50$

Die Gänse kosten: $10 \cdot G$ Groschen
Die Hühner kosten: $5 \cdot H$ Groschen
Die Küken kosten: $1 \cdot K$ Groschen

Die Summe der drei Einzelposten ergibt den Kaufbetrag von einhundert Groschen: $10G + 5H + K = 100$

Zumindest können die Küken herausgelöst werden. Dazu wird die erste Gleichung (Anzahl der Tiere) von der Kostengleichung subtrahiert:

$$\begin{aligned} 10G + 5H + K &= 100 \,|+\\ G + H + K &= 50 \,|-\\ \hline 9G + 4H &= 50\\ 4H &= 50 - 9G \end{aligned}$$

$$H = \frac{50}{4} - \frac{9}{4}G = \frac{1}{4}(50 - 9G)$$

---

1. $G = 0$ (keine Gans): 4 teilt nicht 50 (Klammerausdruck). Das ergibt keine Lösung.

2. $G = 1$ (eine Gans): 4 teilt nicht 41 (Klammerausdruck). Das ergibt keine Lösung.

3. $G = 2$ (zwei Gäns: $\frac{1}{4}(50 - 2 \cdot 9) = 32 \cdot \frac{1}{4} = 8$

   Es wäre möglich, dass zwei Gänse, acht Hühner und $(50 - 10) = 40$ Küken gekauft werden.
   Das Lösungstripel (G/H/K) heißt demzufolge:

   (2/8/40)

Gibt es noch weitere Möglichkeiten für eine Lösung?

4. $G = 3$ (drei Gänse): $\frac{1}{4}(50 - 3 \cdot 9) = 23 \cdot \frac{1}{4}$

   was wieder nicht geht, da Hühner geviertelt werden müssten.

5. $G = 4$ (vier Gänse): $\frac{1}{4}(50 - 4 \cdot 9) = 14 \cdot \frac{1}{4} = \frac{7}{2}$

   geht nicht, weil halbe Hühner entstehen.

6. $G = 5$ (fünf Gänse): $\frac{1}{4}(50 - 5 \cdot 9) = \frac{1}{4} \cdot 5$

   wieder müssten Hühner geviertelt werden.

7. $G = 6$ Sechs Gänse würden bereits 60 Groschen kosten, was aber nur noch eine negative Hühnerzahl (minus ein Huhn!) nach sich zieht.

Das Lösungstripel

(2/8/40)

ist die einzige Lösung der Aufgabe.

IN EINER MATHEMATIKSTUNDE IN EINEM CHINESISCHEN GYMNASIUM KÄMPFT DER LEHRER GEGEN DIE SPEZIELLE MEINUNG DER SCHÜLER, DASS MAN ES MIT MATHE AUCH NICHT ZU EINEM MERCEDES BRINGEN WIRD.

Wieso? Dort fahren viele Leute Mercedes und die sind nun wirklich keine guten Schüler – wie PISA-Ergebnisse zeigen.

HM...

THEMATISCHE EINORDNUNG

Im Jahr 475 wurde in China das Problem der einhundert Vögel als Aufgabe formuliert und danach immer wieder abgewandelt.

Die Abwandlungen betrafen nur die Formulierung und nicht das Problem.

Da ging es immer um die Bestimmung ganzzahliger Lösungen (d.h. um die Bestimmung natürlicher Zahlen als Lösungen von linearen Gleichungen, die ein lineares Gleichungssystem bilden). Eindeutig kann die Lösung im Allgemei-

nen nur dann sein, wenn die Zahl der Gleichungen und die Zahl der Unbekannten übereinstimmt, die Gleichungen linear unabhängig sind und sich nicht widersprechen.

Viele in alten Rechenbüchern zu findende Aufgaben enthalten mehr Unbekannte als Angaben über diese. Hier geht es um drei Tierarten, die nur durch zwei Gleichungen bestimmt werden. Damit sind die unbekannten (drei) Tierarten unterbestimmt.

Eine Variable kann deswegen unabhängig von den anderen zunächst frei gewählt

werden. Allerdings muss dann überprüft werden, ob sich bei der Wahl nicht unsinnige Werte für die anderen (hier zwei) Variablen ergeben (zum Beispiel negative oder gebrochene Anzahlen). Oft ergeben sich für den Fall, dass das Gleichungssystem unterbestimmt ist, mehrere Lösungstupel.

Ist das Gleichungssystem überbestimmt, dann muss in vielen Fällen festgestellt werden, dass sich überhaupt keine Lösung ergibt, weil sich mindestens zwei Gleichungen widersprechen.

WURST AM LAUFENDEN BAND

UND DIE MATHEMATIK IN DER GESCHICHT ...*

Im Allgemeinen verraten es Wurstfabriken nicht, welche Rezepte sie zur Herstellung von Wurst verwenden. Gewürze sind in der Beziehung natürlich am geheimsten, denn sie sollen den guten Geschmack der Wurst garantieren.

Allerdings ist die Zusammensetzung der Fleischbestandteile bei Dauerwurst vorgeschrieben. Salami enthält beispielsweise 30 % Schweine-, 40 % Rindfleisch und einen Rest von 30 % Speck. Bei einem Kilogramm Wurst sind das 300 Gramm Schweinefleisch, 400 Gramm Rindfleisch und 300 Gramm Speck.

Fleischart	Schlackwurst	Cervelatwurst	Salami
Schweinefleisch	40 %	50 %	30 %
Rindfleisch	25 %	20 %	40 %
Speck	35 %	30 %	30 %

In der Rohstoffmatrix für die Herstellung der drei Dauerwurstsorten für den Fleischeinsatz stehen die Fleischarten in den drei Zeilen und die Dauerwurstsorten in den (zufällige Anordnung!) drei Spalten.

$M = \begin{pmatrix} 0{,}40 & 0{,}50 & 0{,}30 \\ 0{,}25 & 0{,}20 & 0{,}40 \\ 0{,}35 & 0{,}30 & 0{,}30 \end{pmatrix}$ lautet die Materialverbrauchsmatrix einer Wurstfabrik.

Die Summe der Spalten ist gleich eins oder 100 %, was bedeutet, dass kein anderes Fleisch verwendet wird. Die Tagesproduktion in der Fabrik beträgt:

1100 kg Schlackwurst, 2000 kg Cervelatwurst und 2500 kg Salami. Zu beachten ist hier, dass damit das Frischgewicht angegeben wird, welches durch die anschließende Räucherung erheblich sinkt (Wasserverluste).

Für **Schlackwurst** mit 1100 kg Frischmasse werden 1100 kg · 0,40 = 440 kg Schweinefleisch benötigt.

Für **Cervelatwurst** mit 2000 kg Frischmasse werden 2000 kg · 0,50 = 1000 kg Schweinefleisch benötigt.

Für **Salami** mit 2500 kg Frischmasse werden 2500 kg · 0,30 = 750 kg Schweinefleisch benötigt.

Das sind insgesamt 440 kg + 1000 kg + 750 kg = 2190 kg Schweinefleisch. Man kann den Fleischverbrauch als Multiplikation der Rohstoffmatrix mit dem Produktionsvektor berechnen:

$$\begin{pmatrix} 0{,}40 & 0{,}50 & 0{,}30 \\ 0{,}25 & 0{,}20 & 0{,}40 \\ 0{,}35 & 0{,}30 & 0{,}30 \end{pmatrix} \cdot \begin{pmatrix} 1100 \\ 2000 \\ 2500 \end{pmatrix} =$$

$$\begin{pmatrix} 0{,}40 \cdot 1100 + 0{,}50 \cdot 2000 + 0{,}30 \cdot 2500 \\ 0{,}25 \cdot 1100 + 0{,}20 \cdot 2000 + 0{,}40 \cdot 2500 \\ 0{,}35 \cdot 1100 + 0{,}30 \cdot 2000 + 0{,}30 \cdot 2500 \end{pmatrix} = \begin{pmatrix} 2190 \\ 1675 \\ 1735 \end{pmatrix}$$

Dabei ergibt sich der erste Eintrag des Fleischverbrauch-Vektors (2190 kg Schweinefleisch), indem man die Elemente der ersten Zeile der Rohstoffmatrix jeweils mit den entsprechenden Elementen des Produktionsvektors multipliziert und diese Produkte addiert. Analog berechnet man den zweiten und dritten Eintrag des Fleischverbrauch-Vektors.

Wichtig ist, dass die Spaltenzahl der ersten Matrix (hier: Rohstoffmatrix, drei Spalten = drei Wurstsorten) mit der Zeilenzahl der zweiten (hier: Produktionsvektor, drei Zeilen = drei Wurstsorten) übereinstimmt. Nur dann kann man das Matrixprodukt bilden.

Das Produkt ergibt einen Vektor mit drei Zeilen, die den drei Fleischsorten entsprechen.

Es werden also benötigt:
1. 2190 kg Schweinefleisch,
2. 1675 kg Rindfleisch und
3. 1735 kg Speck.

... best job now !!!

E IN ABSOLVENT DER TECHNISCHEN HOCHSCHULE HAT DAS DIPLOM ALS MASCHINENBAUINGENIEUR. UND ...

THEMATISCHE EINORDNUNG

Eine Matrix wird mit einem Vektor multipliziert, indem alle Elemente einer Zeile in der Matrix mit den ihnen entsprechenden Elementen des Vektors multipliziert und die Produkte addiert werden (Skalarprodukt).

Die Multiplikation von Matrizen oder Vektoren klappt nur, wenn die Matrix genau so viele Spalten hat, wie der Vektor Zeilen. Ansonsten können die Produkte nicht in der angegebenen Weise gebildet werden. Die Matrizenmultiplikation ist nur definiert, wenn die Spaltenzahl der ersten Matrix mit der Zeilenzahl der zweiten übereinstimmt. Die Matrizen werden als **verkettet** bezeichnet, wenn diese Bedingung erfüllt ist.

Die Elemente der Produktmatrix von verketteten Matrizen ergeben sich aus den Skalarprodukten.

Beispiel: Element c_{ij} (i-te Zeile und j-te Spalte der Produktmatrix) wird gebildet, indem die Elemente der i-ten Zeile der ersten mit den entsprechenden Elementen der i-ten Spalte der zweiten Matrix multipliziert und die Produkte addiert werden (Kurzform: „Vorzeile mal Nachspalte").

$$A_{(i;j)} \cdot B_{(j;k)} = C_{(i;k)}$$

Die Produktmatrix hat den Typ $(i;k)$, da i Zeilen der ersten mit k Spalten der zweiten Matrix multipliziert werden. Die Matrizenmultiplikation ist im Allgemeinen nicht kommutativ.

BETRIEBSWIRTSCHAFTLICHE VERFLECHTUNGEN

UND DIE MATHEMATIK IN DER GESCHICHT ...*

Drei Betriebe sind untereinander durch ihre Produkte verbunden.

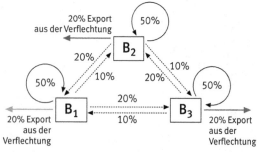

Die Verflechtungsmatrix lautet: $\underline{M} = \begin{pmatrix} 0,5 & 0,1 & 0,2 \\ 0,2 & 0,5 & 0,1 \\ 0,1 & 0,2 & 0,5 \end{pmatrix}$

Wie hoch muss die Gesamtproduktion in den drei Betrieben gefahren werden, um produzieren zu können, die Lieferung an die anderen beiden Betriebe realisieren zu können sowie an die Verbraucher außerhalb der Produktionsverflechtung von B_1 1000 Stück, von B_2 2000 Stück und von B_3 3000 Stück liefern zu können?

Die Gesamtproduktion $\begin{pmatrix} x_1 \\ x_2 \\ x_3 \end{pmatrix}$ ist zu bestimmen.

Die Gesamtproduktion berechnet sich aus den Angaben:

$$\begin{pmatrix} x_1 \\ x_2 \\ x_3 \end{pmatrix} = \underline{M} \cdot \begin{pmatrix} x_1 \\ x_2 \\ x_3 \end{pmatrix} + \underline{y} \text{ oder } \begin{pmatrix} x_1 \\ x_2 \\ x_3 \end{pmatrix} - \begin{pmatrix} 0,5 & 0,1 & 0,2 \\ 0,2 & 0,5 & 0,1 \\ 0,1 & 0,2 & 0,5 \end{pmatrix} \cdot \begin{pmatrix} x_1 \\ x_2 \\ x_3 \end{pmatrix} = \begin{pmatrix} y_1 \\ y_2 \\ y_3 \end{pmatrix}$$

Mit $\underline{E} = \begin{pmatrix} 1 & 0 & 0 \\ 0 & 1 & 0 \\ 0 & 0 & 1 \end{pmatrix}$ (Einheitsmatrix) ergibt sich

$$(\underline{E} - \underline{M}) \cdot \begin{pmatrix} x_1 \\ x_2 \\ x_3 \end{pmatrix} = \begin{pmatrix} y_1 \\ y_2 \\ y_3 \end{pmatrix}$$

Beim Ausklammern ist zu beachten, dass die Matrizenmultiplikation nicht kommutativ ist. Demzufolge muss der Vektor des Gesamtverbrauchs nach rechts herausgezogen werden.

Die inverse Matrix $\underline{M}^{-1}$ der Matrix $\underline{M}$ ergibt (falls sie überhaupt existiert!) bei der Multiplikation mit der Matrix die Einheitsmatrix, $\underline{M}^{-1} \cdot \underline{M} = \underline{M} \cdot \underline{M}^{-1} = \underline{E}$.

Die Gleichung wird nun von links mit $(\underline{E} - \underline{M})^{-1}$ multipliziert.

$$(\underline{E} - \underline{M})^{-1} \cdot (\underline{E} - \underline{M}) \cdot \begin{pmatrix} x_1 \\ x_2 \\ x_3 \end{pmatrix} = (\underline{E} - \underline{M})^{-1} \begin{pmatrix} y_1 \\ y_2 \\ y_3 \end{pmatrix}$$

oder $\begin{pmatrix} x_1 \\ x_2 \\ x_3 \end{pmatrix} = (\underline{E} - \underline{M})^{-1} \begin{pmatrix} y_1 \\ y_2 \\ y_3 \end{pmatrix}$

mit $(\underline{E} - \underline{M}) = \begin{pmatrix} 1 & 0 & 0 \\ 0 & 1 & 0 \\ 0 & 0 & 1 \end{pmatrix} - \begin{pmatrix} 0,5 & 0,1 & 0,2 \\ 0,2 & 0,5 & 0,1 \\ 0,1 & 0,2 & 0,5 \end{pmatrix} = \begin{pmatrix} 0,5 & -0,1 & -0,2 \\ -0,2 & 0,5 & -0,1 \\ -0,1 & -0,2 & 0,5 \end{pmatrix}$

Die Matrix $(\underline{E} - \underline{M})^{-1}$ wird durch das sogenannte Austauschverfahren berechnet:

$\begin{pmatrix} 2,67 & 1,05 & 1,28 \\ 1,28 & 2,67 & 1,05 \\ 1,05 & 1,28 & 2,67 \end{pmatrix}$ Die Multiplikation mit $(\underline{E} - \underline{M})$ ergibt die Einheitsmatrix $\underline{E}$.

Die Gesamtproduktion:

$$\begin{pmatrix} x_1 \\ x_2 \\ x_3 \end{pmatrix} = \begin{pmatrix} 2,67 & 1,05 & 1,28 \\ 1,28 & 2,67 & 1,05 \\ 1,05 & 1,28 & 2,67 \end{pmatrix} \cdot \begin{pmatrix} 1000 \\ 2000 \\ 3000 \end{pmatrix} = \begin{pmatrix} 8610 \\ 9770 \\ 11620 \end{pmatrix} \begin{matrix} \text{Gesamtprod.: } B_1 \\ \text{Gesamtprod.: } B_2 \\ \text{Gesamtprod.: } B_3 \end{matrix}$$

*Inversion von Matrizen

THEMATISCHE EINORDNUNG

Im Unterschied zu den Materialverflechtungen, bei denen die Multiplikation von Matrizen zur Lösung erforderlich ist, wird bei betriebswirtschaftlichen Verflechtungen die Inversion von Matrizen benötigt.

Nur quadratische Matrizen besitzen eine inverse Matrix (notwendige Bedingung). Ist der Wert der zugehörigen Determinante einer quadratischen Matrix $\underline{M}$ verschieden von null (reguläre Matrix), dann besitzt sie eine inverse Matrix $\underline{M}^{-1}$.

Es gilt: $\underline{M} \cdot \underline{M}^{-1} = \underline{M}^{-1} \cdot \underline{M} = \underline{E}$

Nach dem Leontief-Modell ist die Gesamtproduktion $\underline{x}$ und der Bedarf außerhalb des betriebswirtschaftlichen Systems $\underline{y}$ durch folgende Matrizengleichung beschrieben:

$\underline{M} \cdot \underline{x} + \underline{y} = \underline{x}$

Die Auflösung der Matrizengleichung nach $\underline{y}$ ist einfach:

$\underline{y} = \underline{x} - \underline{M} \cdot \underline{x} = (\underline{E} - \underline{M})\,\underline{x}$

Zur Berechnung der Gesamtproduktion ist die Matrizengleichung nach $\underline{x}$ aufzulösen:

$(\underline{E} - \underline{M})^{-1} \cdot \underline{y} = (\underline{E} - \underline{M})^{-1} \cdot (\underline{E} - \underline{M}) \cdot \underline{x}$

(Multiplikation „von links")

$\underline{x} = (\underline{E} - \underline{M})^{-1} \cdot \underline{y}$

WIE VIELE SCHRÄNKE FÜR DEN MAXIMALEN GEWINN?

UND DIE MATHEMATIK IN DER GESCHICHT ...[*]

Es werden für die Herstellung von Tischen und Schränken zwei verschiedene Holzarten benötigt. Die Herstellung eines Tisches erfordert 0,15 m³ der ersten und 0,20 m³ der zweiten Holzart. Die Herstellung eines Schrankes erfordert 0,20 m³ der ersten und 0,10 m³ der zweiten Holzart.

Von der ersten Holzart stehen 60 m³ und von der zweiten 40 m³ zur Verfügung. Der Gewinn beim Verkauf beträgt je Tisch 12 € und je Schrank 15 €.

Wie viele Schränke und Tische sind von dem vorhandenen Holz zu fertigen, damit ein möglichst hoher Gewinn erzielt wird?

Lösung:

x Tische
y Schränke

	für Tische		für Schränke
Holzart I	$0{,}15x$	+	$0{,}20y$
Holzart II	$0{,}20x$	+	$0{,}10y$

Die Summe des verbrauchten Holzes darf in beiden Fällen die vorhandene Holzmenge nicht übersteigen.

Es darf diese Menge bestenfalls völlig ausgeschöpft werden, was den vollständigen Verbrauch bedeutet und in einem Gleichungssystem (linear) mit zwei Gleichungen und zwei Variablen ausgedrückt werden kann:

$$0{,}15x + 0{,}20y = 60$$
$$0{,}20x + 0{,}10y = 40 \mid \cdot (-2)$$

Die zweite Gleichung wird mit –2 multipliziert und zur ersten addiert.

$$0{,}15x + 0{,}20y = 60 \mid +$$
$$-0{,}40x - 0{,}20y = -80 \mid +$$
$$-0{,}25x = -20$$
$$0{,}25x = 20$$
$$x = 80$$
$$0{,}15x + 0{,}20y = 60$$
$$0{,}20y = 48$$
$$y = 240$$

Mit 80 Tischen und 240 Schränken wird das Holz beider Sorten vollständig verbraucht und ein Gewinn von

$$80 \cdot 12 + 240 \cdot 15 = 960 + 3600 = 4560 €$$

erzielt.

Wenn man nur Schränke baut, sind 300 Schränke möglich, d.h. nur 4500 € Gewinn.

EINER TISCHLEREI GEHT ES NICHT GUT. AUFTRÄGE BLEIBEN AUS. MAN ERWÄGT IN DIE INSOLVENZ ZU GEHEN. DOCH DA MELDET SICH EIN „ENGEL" AM TELEFON UND BESTELLT MÖBEL!

Telefon ... Chef !!!

... na geh' doch ran!

Hallo ... Wir benötigen für unsere Bibliothek diverse Schränke und Tische.

AHAA...

Chef! Ein Großauftrag ... Schränke und Tische!

Ja, jaaa ... Frage gleich nach der Stückzahl!

THEMATISCHE EINORDNUNG

Die lineare Optimierung ist ein mathematisches Verfahren, um diejenige Lösung eines Problems zu finden, mit der sich das Ziel bestmöglich (optimal) erreichen lässt.

Beispiele: Produktionsoptimierungen, Transportoptimierungen, Standortoptimierungen, optimale Mischungen usw.

Erklärung: Durch Verfahren der linearen Algebra wird das Minimum oder Maximum einer linearen Funktion bestimmt, wenn an die Variablen einschränkende Bedingungen gestellt sind.

Um die Aufgabe lösen zu können, ist aus dem verbal formulierten Problem ein mathematisches Modell aufzustellen. Dabei sind drei Teilaufgaben zu lösen:

1. Formulierung des Ziels, das durch Optimierung erreicht werden soll.
2. Formulierung aller Bedingungen, durch welche die Erreichung des Ziels beeinflusst wird.
3. Die Variablen, die neben den Konstanten in der Zielfunktion deren Wert bestimmen, dürfen keine negativen Werte annehmen.

Im Allgemeinen ist das Verfahren komplizierter als vorne, wo nur ein lineares Gleichungssystem gelöst wurde.

DAS HAUS VOM NIKOLAUS

UND DIE MATHEMATIK IN DER GESCHICHT ...*

Kennen Sie das Haus vom Nikolaus?

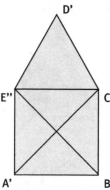

Der Nikolaus wohnt in A. Die Punkte B; C; E bilden mit A ein Rechteck und sind durch eine Linie miteinander verbunden. Der Punkt D bildet mit C und E ein gleichseitiges Dreieck.

Der Nikolaus soll von seinem Ausgangspunkt A aus Punkt D einmal, C und E zweimal besuchen, jeden Weg aber nur einmal durchlaufen und schließlich gegenüber seiner Wohnung in B seinen Dienstgang beenden.

Er geht ... und spricht dabei ...

1. von A nach C ... *Das* ...
2. von C nach B ... *ist* ...
3. von B nach A ... *das* ...
4. von A nach E ... *Haus* ...
5. von E nach C ... *vom* ...
6. von C nach D ... *Ni-* ...
7. von D nach E ... *ko-* ...
8. von E nach B ... *laus.*

Also für jeden Teilweg genau ein Wort oder eine Silbe.

Auf seinem Weg verschiebt der Nikolaus die Geschenke längs der angegebenen Teilwege. Verschiebungen können als Vektoren behandelt werden. Somit sind auch die acht Wege, die der Nikolaus „im Haus des Nikolaus" genau einmal beschreitet, Vektoren.

Vektoren haben eine Richtung (gekennzeichnet durch den Pfeil) und einen Betrag (Länge des Pfeils).

Somit sind im „Haus des Nikolaus" keiner der acht angegebenen Vektoren gleich (gleiche Länge, gleiche Richtung).

Es gibt aber zwei entgegengesetzt gerichtete Vektoren (gleiche Länge, entgegengesetzte Richtung):

1. $\overrightarrow{AE} \uparrow\downarrow \overrightarrow{CB}$
2. $\overrightarrow{EC} \uparrow\downarrow \overrightarrow{BA}$

Nicht ortsgebundene Vektoren können beliebig verschoben werden. Dabei bleiben die Länge und die Richtung erhalten.

Die Addition und Subtraktion von parallelen Vektoren entspricht der Addition oder Subtraktion ihrer Beträge und ist deswegen besonders einfach.

Zwei beliebige Vektoren $\vec{a}$ und $\vec{b}$ werden addiert, indem man den zweiten Vektor ($\vec{b}$) parallel zu sich selbst verschiebt, bis sein Anfangspunkt auf dem Endpunkt des ersten Vektors ($\vec{a}$) liegt. Der Summenvektor $\vec{a} + \vec{b}$ ist dann der Vektor vom Anfangspunkt von $\vec{a}$ zum Endpunkt von $\vec{b}$.

Speziell ist $\overrightarrow{AB} + \overrightarrow{BC} = \overrightarrow{AC}$.

*Vektoren und Graphen

UNTER DER RESTRIKTION, DASS KEINE WEGE MEHR-FACH BENUTZT WERDEN, HAT DAS „NAVI" DIE STRE-CKEN (VEKTOREN) VOM AUSGANGSPUNKT, DEM HAUS DES WEIHNACHTSMANNS, ZU DEN VIER HÄUSERN DER KINDER BERECHNET. DIESE SIND AUF DEM DIS-PLAY MIT **B**, **C**, **D** UND **E** GEKENNZEICHNET UND WER-DEN ÜBER SPRACHFUNKTION FÜR ALLE HÖRBAR BESCHRIEBEN:

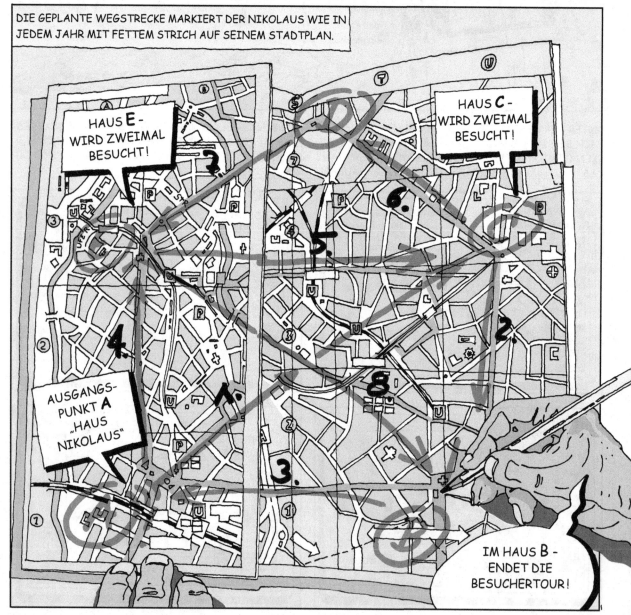

Thematische Einordnung

Ein beliebiger Vektor aus einer Klasse von parallelengleichen Vektoren repräsentiert eine ganze Klasse von Vektoren. Aus diesem Grund genügt es, einen Pfeil als Repräsentanten dieser Klasse herauszugreifen und ihn als Vektor zu bezeichnen.

Vektoren können mit einem Pfeil als Anfangs- und Endpunkt der Verschiebung gedeutet werden z.B. $\vec{b} = \vec{CB}$.

Die Vektoren darstellenden Pfeile müssen, um gleich zu sein, drei Bedingungen erfüllen:

1. die gleiche Länge besitzen, was auf $\vec{CD}$; $\vec{DE}$; $\vec{EC}$; $\vec{BA}$, aber auch für das gleichseitige Dreieck über dem Rechteck im „Haus des Nikolaus" $\vec{CD}$ und $\vec{DE}$ zutrifft,

2. auf zwei zueinander parallelen Geraden liegen, was für $\vec{EC}$ und $\vec{BA}$ aber auch für $\vec{CB}$ und $\vec{AE}$ gilt.

3. den gleichen Richtungssinn haben. $\vec{EC}$ ist nach rechts, aber $\vec{BA}$ nach links, $\vec{CB}$ nach unten und $\vec{AE}$ nach oben, also genau entgegengesetzt, gerichtet.

Somit sind im „Haus des Nikolaus" keine der acht angegebenen Vektoren gleich.

DER SCHWIMMER WIRD IM FLUSS ABGETRIEBEN

UND DIE MATHEMATIK IN DER GESCHICHT ...[*]

Ein Fluss soll an einer Stelle durchschwommen werden, die von Ufer zu Ufer dreißig Meter breit ist.

1. Strömt der Fluss nicht, dann beträgt der Weg des Schwimmers dreißig Meter, wenn er senkrecht zum Ufer abstößt und senkrecht zum anderen Ufer dort ankommt.

2. Schwimmt der Schwimmer gar nicht, dann wird er nie am anderen Ufer ankommen und so lange im Fluss treiben, bis dieser aufhört, wenn man ihn nicht zuvor herausfischt.

3. Je größer die Strömungsgeschwindigkeit des Flusses ist, um so länger wird der Weg des Schwimmers, den dieser seinerseits durch eine höhere Geschwindigkeit beim Schwimmen wieder verkürzen kann.

Beispiel:
Die Geschwindigkeit des Flusses beträgt 0,5 m/s und die des Schwimmers (im ruhenden Wasser) 1,5 m/s.
Nach dem Satz von der Unabhängigkeit der Bewegung kann der Fluss zunächst als ruhend angenommen werden.
Für die 30 m benötigt der Schwimmer

$$s = v \cdot t \qquad t = \frac{s}{v} = 20\,s$$

Die 20 s muss er nun am gegenüberliegenden Ufer vor dem Aussteigen aus dem Wasser warten, denn jetzt wird der Fluss wieder „angestellt", der dann in 20 s einen Weg von

$$s = 0,5\frac{m}{s} \cdot 20\,s = 10\,m$$

zurücklegt, den der Schwimmer, der seinerseits Ruhepause hat, sich treiben lassen muss, also 10 m flussaufwärts vom gegenüberliegenden Uferpunkt entfernt.

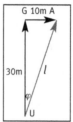

$$\vec{UG} + \vec{GA} = \vec{UA}$$

Nach dem Satz des Pythagoras ergibt sich eine Länge von $l = \sqrt{30^2 + 10^2}\,m \approx 31,62\,m$ und eine Abweichung von der geraden Richtung mit

$$\tan(\varphi) = \frac{10}{30} \approx 0,3333, \quad \varphi \approx 18,4°$$

Allgemein: v_s: Geschwindigkeit des Schwimmers
v_f: Geschwindigkeit des Flusses
b: Breite des Flusses

Schwimmzeit:

$$t = \frac{b}{v_s}$$

Winkel zu der geraden Richtung:

$$\tan(\varphi) = \frac{v_f}{v_s} \qquad \varphi = \arctan\left(\frac{v_f}{v_s}\right)$$

Weg flussabwärts:

$$s_f = v_f \cdot \frac{b}{v_s}$$

Weg des Schwimmers:

$$s = \sqrt{b^2 + \frac{v_f^2}{v_s^2}\,b^2} = b \cdot \sqrt{1 + \frac{v_f^2}{v_s^2}}$$

Die Geschwindigkeit des Schwimmers (v_R), vom Ufer aus betrachtet, stellt sich als eine Vektoraddition der Geschwindigkeit des Flusses und der „Eigengeschwindigkeit" dar.

$$\vec{v_f} = \vec{v_F} + \vec{v_S}$$

THEMATISCHE EINORDNUNG

Definition von **Vektoren** als Elemente des **Vektorraumes**:

Eine Menge heißt Vektorraum **V**, wenn folgende zwei Operationen mit den folgenden Eigenschaften definiert sind:

1. Es existiert eine Verknüpfung (Operationszeichen +), mit der zwei Elementen $\vec{a}$ und $\vec{b}$ ein weiteres Element $\vec{c}$ eindeutig zugeordnet werden kann, welches auch Element des Vektorraumes ist: $\vec{a} + \vec{b} = \vec{c}$

2. Jedem Vektor $\vec{a}$ und jeder reellen Zahl n ist ein Vektor $n \cdot \vec{a}$ zugeordnet, der als n-faches von $\vec{a}$ bezeichnet wird.

Eigenschaften dieser Verknüpfung:

1.1 $\vec{a} + \vec{b} = \vec{b} + \vec{a}$ (Kommutativgesetz)

1.2. $(\vec{a} + \vec{b}) + \vec{c} = \vec{a} + (\vec{b} + \vec{c})$ (Assoziativgesetz)

1.3. Es gibt ein Element $\vec{o}$ des Vektorraumes, sodass $\vec{a} + \vec{o} = \vec{a}$ ist (neutrales Element der Operation).

1.4. Für alle Elemente des Vektorraumes existiert ein Element $-\vec{a}$, sodass $\vec{a} - \vec{a} = \vec{o}$ gilt (entgegengesetzter Vektor).

2.1 Für alle reellen Zahlen n und m und alle Vektoren $\vec{a}$ gilt: $(n \cdot m) \cdot \vec{a} = n \cdot (m \cdot \vec{a})$

2.2. Für alle reellen Zahlen n und alle Elemente des Vektorraumes $\vec{a}$ und $\vec{b}$ gilt: $n \cdot (\vec{a} + \vec{b}) = n \cdot \vec{a} + n \cdot \vec{b}$

2.3. Für alle reellen Zahlen n und m und alle Elemente des Vektorraumes $\vec{a}$ gilt: $(n + m) \cdot \vec{a} = n \cdot \vec{a} + m \cdot \vec{a}$

2.4. Für alle Elemente des Vektorraumes gilt: $1 \cdot \vec{a} = \vec{a}$

DIE LÄNGE EINES WEGES

UND DIE MATHEMATIK IN DER GESCHICHT ...*

Problem:

Von einer Stelle O (Standort) in einem Gebiet werden die Koordinaten auf der Straße in einem bislang unzugänglichem Gebiet bestimmt.

Die Punkte A, B auf der Straße befinden sich (eine Maßeinheit sind 100 Meter in der Natur):

a) drei Einheiten südlich, zwei Einheiten westlich und eine Einheit höher (A),

b) vier Einheiten südlich vom Messpunkt (B).

Der unzugängliche Punkt P befindet sich fünf Einheiten südlich, zwei Einheiten westlich und eine Einheit höher (also auf dem gleichen Niveau wie der unter A gekennzeichnete Punkt) als der Messpunkt.

Das ergibt folgende Koordinaten für ein mit dem Koordinatenursprung im Punkt O liegendes Koordinatensystem:

O(0|0|0)   A(3|-2|1) B(4|0|0)   P(5|-2|1)

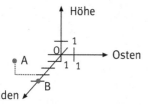

Die Gerade durch A und B hat die Gleichung:

$$\vec{g}: \begin{pmatrix} x \\ y \\ z \end{pmatrix} = \begin{pmatrix} 3 \\ -2 \\ 1 \end{pmatrix} + t \begin{pmatrix} 1 \\ 2 \\ -1 \end{pmatrix}, t \in R$$

Der Abstand des Punktes P(5|-2|1) von der Geraden ist die kürzeste Verbindungsstrecke. Diese kann elementar trigonometrisch, als Extremwertaufgabe oder streng nach Methoden der vektoriellen analytischen Geometrie bestimmt werden.

Lösungsbeispiel:

Drei Punkte bestimmen eine Ebene.

Prinzipskizze:

Die Länge der Strecke $|\vec{AP}|$ ist die Hypotenuse des Dreiecks:

$$\vec{AP} = \begin{pmatrix} 5 \\ -2 \\ 1 \end{pmatrix} - \begin{pmatrix} 3 \\ -2 \\ 1 \end{pmatrix} = \begin{pmatrix} 2 \\ 0 \\ 0 \end{pmatrix}, \quad \vec{AP} \cdot \vec{AB} = |\vec{AP}| \cdot |\vec{AB}| \cdot \cos(\alpha)$$

Es ergibt sich aus dem Skalarprodukt:

$$\cos(\alpha) = \frac{\begin{pmatrix} 2 \\ 0 \\ 0 \end{pmatrix} \cdot \begin{pmatrix} 1 \\ 2 \\ -1 \end{pmatrix}}{\sqrt{4} \cdot \sqrt{6}} = \frac{2}{2 \cdot \sqrt{6}} = \frac{\sqrt{6}}{6}$$

Pythagoras der Trigonometrie: $\sin^2(a) + \cos^2(a) = 1$

$$\sin(\alpha) = \sqrt{1 - \frac{1}{6}} = \sqrt{\frac{5}{6}} = \frac{\sqrt{30}}{6} \quad \sin(\alpha) = \frac{h}{|\vec{AP}|} \left(\frac{Gegenkathete}{Hypotenuse} \right)$$

$$h = |\vec{AP}| \cdot \sin(\alpha) = 2 \cdot \frac{\sqrt{30}}{6} = \frac{\sqrt{30}}{3} LE \approx 182{,}57m$$

THEMATISCHE EINORDNUNG

Das Skalarprodukt zweier Vektoren ergibt sich, indem man die entsprechenden Komponenten miteinander multipliziert und die Produkte addiert. Für Vektoren in der Ebene erhält man

$$\vec{a} \cdot \vec{b} = a_x b_x + a_y b_y,$$

für Vektoren im Raum

$$\vec{a} \cdot \vec{b} = a_x b_x + a_y b_y + a_z b_z.$$

Aus dem Skalarprodukt lässt sich der Winkel φ berechnen, den die beiden Vektoren einschließen:

$$\cos \varphi = \frac{\vec{a} \cdot \vec{b}}{|a| \, |b|},$$ wobei $|\vec{a}|$ die Länge

des Vektors $\vec{a}$ ist: $|\vec{a}| = \sqrt{a_x^2 + a_y^2}$

bzw. im Raum: $|\vec{a}| = \sqrt{a_x^2 + a_y^2 + a_z^2}$

In der analytischen Geometrie gibt es meistens viele Wege, um ein komplexes Problem zu lösen.

Welches davon für den Bearbeiter der Königsweg ist, hängt von seinen Kenntnissen aber auch von seinen individuellen Neigungen ab. Wie immer, wenn es um die Beurteilung von Schönheit geht, ist das auch eine Geschmacksfrage!

Zu der obigen Rechnung noch folgende Bemerkungen:

1. Natürlich bleibt die Erde eine Kugel mit einem Äquatorumfang von etwa 40 000 km. Für kleine Entfernungen (etwa 100 km) kann sie jedoch als Fläche (die altgriechische Erdscheibe!) behandelt werden.

2. Die Punkte auf der Erdoberfläche können als Punkte in einem kartesischen Koordinatensystem betrachtet werden.

Die x-Richtung nach Osten, die y-Richtung nach Norden gerichtet und die z-Richtung als Erhebung über dem Erdboden (Normalnull) angenommen, ergibt ein Rechtssystem mit dem Koordinatenursprung auf der Höhe null (Ausgangspunkt des Betrachters).

3. Der Abstand eines Punktes von einer Geraden wird so gemessen, dass die Abstandsstrecke senkrecht auf der Geraden steht.

AM WALMDACH GIBT ES ZUM DACHBODEN DREI WINKEL

Und die Mathematik in der Geschicht ...*

Die Koordinaten der Eckpunkte eines Hauses im Schrägbild lauten:
A(8|0|0) B(8|12|0) C(0|12|0) D(0|0|0)
E(8|0|5) F(8|12|5) G(0|12|5) H(0|0|5)
I(4|1,5|8) J(4|10,5|8)

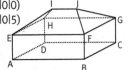

Die Dachwinkel werden mit dem Skalarprodukt berechnet, weil dies einfacher ist als über trigonometrische Beziehungen, die im rechtwinkligen Dreieck gültig sind. Die unterschiedlichen rechtwinkligen Dreiecke sind im Schrägbild nicht so leicht zu erkennen.

(Die Winkel sind im Schrägbild Tiefenwinkel und damit grundsätzlich verzerrt dargestellt.)

1. Neigungswinkel der Dachfläche an der Hausbreite (kleine Dachfläche): M_1 ist die Mitte zwischen H und E: $M_1(4|0|5)$

$$\overrightarrow{M_1 I} = \begin{pmatrix} 0 \\ 1,5 \\ 3 \end{pmatrix} \quad \text{Vektor in } y\text{-Richtung:} \quad \begin{pmatrix} 0 \\ 1 \\ 0 \end{pmatrix}$$

$$\cos(\alpha_1) = \frac{\begin{pmatrix} 0 \\ 1,5 \\ 3 \end{pmatrix} \cdot \begin{pmatrix} 0 \\ 1 \\ 0 \end{pmatrix}}{\sqrt{0^2 + 1,5^2 + 3^2} \cdot \sqrt{0^2 + 1^2 + 0^2}} = \frac{1,5}{\sqrt{11,25}} \approx 0,4472$$

$\alpha_1 \approx 63,43°$

2. Neigungswinkel der Dachflächen an der Hausfront (große Dachfläche):

M_2 ist die Mitte zwischen E und F: $M_2(8|6|5)$
M_3 ist die Mitte zwischen I und J: $M_3(4|6|8)$

$$\overrightarrow{M_2 M_3} = \begin{pmatrix} -4 \\ 0 \\ 3 \end{pmatrix} \quad \text{Vektor in } x\text{-Richtung:} \quad \begin{pmatrix} 1 \\ 0 \\ 0 \end{pmatrix}$$

$$\cos(\alpha_2) = \left| \frac{\begin{pmatrix} -4 \\ 0 \\ 3 \end{pmatrix} \cdot \begin{pmatrix} 1 \\ 0 \\ 0 \end{pmatrix}}{\sqrt{(-4)^2 + 0^2 + 3^2} \cdot \sqrt{1^2 + 0^2 + 0^2}} \right| = \frac{4}{5} = 0,8$$

$\alpha_2 \approx 36,87°$

3. Neigungswinkel der Schrägkanten (Firstkanten) des Daches: I' (Projektion von I auf den Dachboden)
I'(4|1,5|5)

$$\cos(\alpha_3) = \frac{\begin{pmatrix} 4 \\ 1,5 \\ 3 \end{pmatrix} \cdot \begin{pmatrix} 4 \\ 1,5 \\ 0 \end{pmatrix}}{\sqrt{4^2 + 1,5^2 + 3^2} \cdot \sqrt{4^2 + 1,5^2 + 0^2}} = \frac{16 + 2,25}{\sqrt{27,25} \cdot \sqrt{18,25}}$$

$$\approx 0,8184 \qquad \alpha_3 \approx 35,08°$$

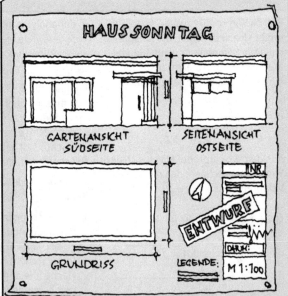

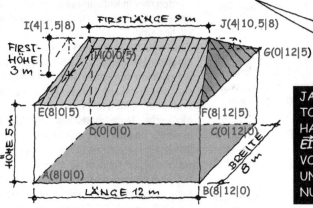

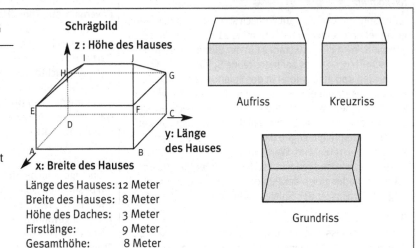

THEMATISCHE EINORDNUNG

Ein Schrägbild ist die geometrische Darstellung von dreidimensionalen Gegenständen auf der zweidimensionalen Zeichenebene, um alle Seiten erkennen zu können. Nicht sichtbare Kanten, die durch andere Flächen verdeckt sind, werden meist gestrichelt dargestellt.

Die Tiefenlinien (hier x-Achse) sind verkürzt.

Länge des Hauses: 12 Meter
Breite des Hauses: 8 Meter
Höhe des Daches: 3 Meter
Firstlänge: 9 Meter
Gesamthöhe: 8 Meter

MATHEMATIKER UND ALARM IM CASINO

UND DIE MATHEMATIK IN DER GESCHICHT ...*

Problem: Wenn nach der Wahrscheinlichkeit gefragt wird, aus einem Kartenspiel mit 32 Karten einen König zu ziehen, dann ergibt sich nach der klassischen Definition eine (unbedingte) Wahrscheinlichkeit von

$$\frac{1}{8}.$$

Wenn aber bereits einmal gezogen wurde, und zwar

a) kein König,

b) ein König,

dann beträgt die Wahrscheinlichkeit, einen König beim zweiten Versuch zu erhalten:

a) $\frac{4}{31}$, b) $\frac{3}{31}$

Diese Werte werden als **bedingte Wahrscheinlichkeiten** bezeichnet.

Nach dem **Multiplikationssatz** gilt für das gleichzeitige Eintreten der voneinander unabhängigen Ereignisse:

a) $p(\bar{K} \cap K) = \frac{28}{32} \cdot \frac{4}{31}$ und b) $p(K \cap K) = \frac{4}{32} \cdot \frac{3}{31}$.

Den amerikanischen Mathematikprofessor **O. Thorp** von der Universität in Los Angeles überkam die Spielsucht. Das Spiel „Siebzehn und Vier", bei dem sich schnell viel Geld verlieren lässt, zog ihn besonders an.

Das Spiel hat einfache Regeln:

Ein Angestellter des Casinos teilt die Karten an die Mitspieler aus einem Stapel von 52 Karten aus. Zunächst bekommen er und die Mitspieler je zwei Karten. Der Austeiler muss seine erste Karte aufdecken und diese zeigen. Die Mitspieler halten beide Karten verdeckt.

Bube, Dame und König werden mit zehn Punkten bewertet, die anderen Karten nach der Wertangabe und das Ass kann durch den Spieler mit einem oder elf Punkten festgeschrieben werden.

Gewinner ist, wer 21 Punkte hat oder der Summe 21 am nächsten kommt.

Jeder Spieler bekommt auf Wunsch so viele Karten, wie ihm geeignet erscheinen, um der Summe 21 möglichst nahe zu kommen. Wird die Punktzahl 21 in der Summe der Karten überschritten, so muss der betreffende Spieler seine Karten aufdecken und als Verlierer in der Spielrunde ausscheiden. Seinen Einsatz hat er damit verspielt. Die Einsätze werden zwischen einem Minimal- und einem Maximalwert vor dem Spiel vereinbart. Jeder Spieler spielt unabhängig von den anderen Mitspielern gegen das Casino, welches durch den Austeiler vertreten wird. Wenn niemand mehr eine Karte haben will, wird aufgedeckt. Ist das Blatt der Mitspieler schlechter oder gleich der Punktzahl des Ausgebenden, so geht der Einsatz des Spieles verloren.

Der Vorteil des Casinos:

Der Spieler muss in jedem Fall seine Karten aufdecken, so dass er immer seinen Einsatz verliert, wenn er die Gesamt-punktzahl von 21 überschritten hat. Der Austeiler muss in dem Fall seine Karten nicht aufdecken.

Der Vorteil für den Spieler:

Es gibt keine festen Regeln für die Anzahl der zugeteilten Karten, der Spieler kann seinen Einsatz zwischen einem vereinbarten Mindest- und Höchstbetrag selbst bestimmen. Professor Thorp fand die Gewohnheit des Casinos heraus, im Interesse einer schnellen Spieldurchführung erst dann neu zu mischen, wenn alle 52 Karten verteilt sind. Somit ändern sich die Wahrscheinlichkeiten, mit der die einzelne Kartenwerte ausgegeben werden, von Runde zu Runde bis zu dem Extremfall – in der ersten Runde werden vier Asse ausgegeben, dann ist in den Runden bis zum neuen Ausmischen die Wahrscheinlichkeit null, ein weiteres Ass zu erhalten. Somit konnte Thorp die bedingten Wahrscheinlichkeiten abschätzen, durch Ziehen aus einem „unvollständigen" Kartenspiel einen bestimmten Kartenwert zu erhalten.

Durch den Einsatz eines Großrechners IBM 704 des Massachusetts Institute of Technology entwickelte Thorp ein nicht ganz einfaches, insbesondere nicht schnell erkennbares System, mit dem die Vorteile für das Casino ein klein wenig zugunsten des Spielers verschoben wurden. Casinos werden nie ein Nullsummenspiel anbieten – ein Spiel also, bei dem die Gewinnchancen für Casino und Spieler ausgeglichen sind.

Eine Regel für Thorp hieß (auf andere soll hier nicht weiter eingegangen werden): **Kartenstopp bei Erreichen der Summe 17!** Nach den ersten Spielverlusten war es Thorp offensichtlich zu riskant, sein System mit eigenem Geld auszuprobieren. Er hielt im Jahre 1969 auf einer Tagung der Amerikanischen Mathematischen Gesellschaft in Washington einen Vortrag über sein System.

Das überzeugte einen anwesenden Geschäftsmann, der 100 000 Dollar sponserte, um einen Praxistest durchzuführen. Thorp nahm das Angebot an, ging wieder ins Casino in Nevada und gewann in zwei Stunden 17 000 Dollar, was die Aufmerksamkeit des Casinobetreibers erregte.

Er veranlasste, Thorp Hausverbot zu erteilen. Da Thorp in anderen Casinos durch seine Strategie permanent gewann, verriet er sich immer sehr schnell, auch wenn er sich einen Bart anklebte oder als Chinese verkleidete.

Endgültig rächte sich Thorp an den Casinos, indem er seine Strategie veröffentlichte: *Beat the dealer. A winning strategy for the game of twenty one. New York; Blaisdell 1962.*

Nach der Veröffentlichung der erfolgreich in der Praxis erprobten Strategie mussten die Casinos reagieren, wenn sie das Spiel weiterhin anbieten wollten: So wird bis heute nach jeder Partie neu gemischt und die theoretische Grundlage – die bedingte Wahrscheinlichkeit für das Erhalten bestimmter Spielkarten ab der zweiten Runde – ist damit nicht mehr vorhanden, um nach dem System von Thorp zu gewinnen. So bleibt der Ausgang eines Casinobesuches auch bei diesem Spiel dem Zufall überlassen – **Stochastik (Wahrscheinlichkeitsrechnung).**

DER MATHEMATIKPROFESSOR EDWARD O. THORP HÄLT AN EINER AMERIKANISCHEN UNIVERSITÄT EINE MATHEMATIKVORLESUNG. IN COWBOY-KLEIDUNG, DEM PASSENDEN OUTFIT, WIE ER GLAUBT. ER BETONT, DASS VON DIESER VORLESUNG AN DIE MATHEMATIK VÖLLIG NEU BETRACHTET WERDEN SOLL. DIE STUDENTINNEN UND STUDENTEN SIND VORAB GANZ BEGEISTERT.

Der Zufall soll einbezogen werden. Ein aussagekräftiges Beispiel wirkt immer!

Bestimmt ist ein Ereignis, wenn es mit Sicherheit eintrifft, man sagt ja, hundert Pro!

ZUFÄLLIG IST EIN EREIGNIS, WENN ES EINTRETEN KANN, ABER NICHT EINTRETEN MUSS.

Eh, Leute, jetzt fällt der Prof. zufällig über den Wassereimer.

ÜBER DIE BEDEUTUNG DER EINFÜHRUNG IN DIE STOCHASTIK !!!

Hi, hi ..., das war 'ne klasse Fallübung !!!

Wir könnten auch mit Würfeln spielen ...

Und ... wann ist ein Ereignis **unmöglich?**

DIE FRAGE BEANTWORTET DER PROFESSOR, INDEM ER NUN ERKLÄRT:

... es ist unmöglich, dass ein Casino über längere Zeit ein faires Spiel anbieten kann.

... was er uns wohl beweisen wird !!!

Nehmen wir den Spielfall **Siebzehn und Vier!**

Okay, ich gebe die Karten, ja?!

EIN SPIEL MIT

IST EIN SPIEL BESTIMMT ZU GEWINNEN, DANN FINDET MAN KEINE MITSPIELER. DENN DIE WÜRDEN VERLIEREN, WENN EIN ANDERER BESTIMMT GEWINNT.

52 KARTEN

... es gibt immer Hoffnung, gerade der zu sein, den das Glück trifft!

Ja, jaaa ... das geht bis zur Sucht. Der Sucht, immer wieder spielen zu müssen, mein Freund.

IN DER STOCHASTIK GEHT ES DARUM, DEN ZUFALL KALKULIERBAR ZU MACHEN, INDEM, DEN ZUFÄLLIGEN EREIGNISSEN ZAHLEN ZWISCHEN NULL UND EINS ZUGEORDNET WERDEN, DIE EIN MASS FÜR DAS EINTRETEN DES EREIGNISSES DARSTELLEN.

SPIELFALL 17 + 4

52 KARTEN ERGIBT 52 MÖGLICHKEITEN (n) – ES GIBT DABEI 4 KÖNIGE (m). DIE WAHRSCHEINLICHKEIT BLIND EINEN KÖNIG (BELIEBIGE FARBE) ZU ZIEHEN BETRÄGT 4 VON 52

ODER: $\frac{4}{52} = \frac{1}{13}$

EINE KONKRETE SPIELSITUATION WIRD NUN MATEMATISCH BEHANDELT. HIER WERDEN DIE ZWEI EXTREMFÄLLE DURCHGERECHNET.

Welche Augensumme haben Sie erreicht?

YEAH... ... mit den ersten zwei Karten gleich 17!

Die Summe ist mit Sieben und Zehn erreicht! Ergo, zwei Karten weniger im Stapel.

Nimmst du eine Drei sind es 20 und bei einer Vier 21, ist es allerdings eine andere Karte, ... verloren!

DER 1. FALL: DIE 17 WURDE MIT EINEM MINIMUM AN KARTEN, NÄMLICH 2, ERREICHT (7 + 10).

DIE FRAGE STEHT NUN, SOLL DER STUDENT NOCH EINE KARTE NEHMEN UM SEINE GEWINNCHANCEN ZU VERBESSERN? ZIEL SIND 21!

Aber bei Gleichstand 21 gewinnt die Bank ... oder?!

PROBLEM:

Nimmt er ein Ass, hat er 18. Bei einer Zwei 19 etc.

BIS EINSCHLIESSLICH SUMME 21 SIND NOCH 4 MAL ASS, ZWEI, DREI UND VIER (16 KARTEN) IM STAPEL. 2 KARTEN WURDEN BEREITS VERTEILT, ERGIBT NOCH 50 MÖGLICHKEITEN. GEWINNAUSSICHT $\frac{16}{50}$ = 32%.

DAS HEISST ABER AUCH, DASS ES NOCH 34 KARTEN GIBT, DIE MIT SICHERHEIT DAS LIMIT VON 21 ÜBERSCHREITEN. $\frac{34}{50}$ = 68% IST DIE KOMPLEMENTÄRE WAHRSCHEINLICHKEIT ZU 32%, DASS EINE GEWINNVERBESSERUNG EINTRITT.

... aber keine Gewinngarantie!

... so sind Ihre Chancen, verehrte Kommilitonen!

DER 2. FALL: DIE AUGENSUMME 17 WIRD DURCH DIE SIEBEN KARTEN 2 MAL VIER, 2 MAL DREI UND DREI MAL ASS (KARTENWERT 1) ERREICHT. DANN SIND NUR NOCH 45 KARTEN IM SPIEL, WOBEI FÜR DIE VERBESSERUNG DER CHANCEN DES SPIELERS NUR NOCH DIE ZWEI VIEREN, DIE ZWEI DREIEN, DIE VIER ZWEIEN UND DAS EINE NOCH IM STAPEL VERBLIEBENE ASS - ALSO NUR NOCH 9 GÜNSTIGE MÖGLICHKKEITEN, WAS EINE WAHRSCHEINLICHKEIT VON NUR NOCH $\frac{9}{45}$ = 20% ERGIBT, DIE CHANCEN ZU VERBESSERN.

THEMATISCHE EINORDNUNG

Ein Zufallsexperiment (Ziehen aus einem Kartenspiel mit ungezinkten Karten, Augenzahl bei einem unverfälschten Würfel, Qualitätsprüfung usw.) ist eine Gleichverteilung oder ein Laplace-Experiment, wenn alle möglichen Ergebnisse die gleiche Wahrscheinlichkeit besitzen. Die klassische Definition der Wahrscheinlichkeitsrechnung ordnet diesen Ergebnissen (E) eine reelle Zahl $p(E)$ zwischen null und eins zu, die als ihre Wahrscheinlichkeit bezeichnet wird.

$$\frac{\text{Anzahl der Ergebnisse mit dem Ausgang } E}{\text{Anzahl aller möglichen Ergebnisse des Experiments}}$$

Tritt ein Ereignis E_1 unter der Bedingung ein, dass zuvor ein Ereignis E_2 eingetreten ist (das Ereignis E_2 hat dabei eine von null verschiedene Wahrscheinlichkeit), so ergibt der Quotient aus der Wahrscheinlichkeit für das Eintreten von Ereignis E_1 und E_2 und der Wahrscheinlichkeit von E_2 die **bedingte** Wahrscheinlichkeit von E_1 unter der Bedingung, dass E_2 bereits eingetreten ist.

Schreibweise:

$$p_{E_2}(E_1) = \frac{p(E_1 \cap E_2)}{p(E_2)}$$

BLINDBOHREN

UND DIE MATHEMATIK IN DER GESCHICHT ...*

Zwei Fernfahrer verabreden, dass sie sich zwischen 12.00 Uhr und 13.00 Uhr in einer Raststätte treffen wollen. Sie sprechen weiterhin ab, dass sie beide höchstens 15 Minuten aufeinander warten (nur in dem vereinbarten Zeitraum) und danach weiterfahren wollen.

Mit welcher Wahrscheinlichkeit werden sie sich unter den gegebenen Bedingungen treffen?

Die Gesamtfläche ist das Quadrat einer Längeneinheit (LE)

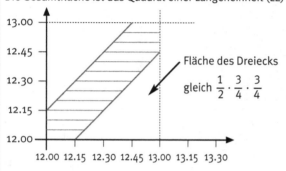

Fläche des Dreiecks
gleich $\frac{1}{2} \cdot \frac{3}{4} \cdot \frac{3}{4}$

günstiger Bereich (in LE^2): $1 - 2 \cdot \frac{1}{2} \cdot \frac{3}{4} \cdot \frac{3}{4} = 1 - \frac{9}{16} = \frac{7}{16}$

Die Fernfahrer treffen sich mit einer Wahrscheinlichkeit von

$$p(T) = \frac{7}{16} : 1 = \frac{7}{16} .$$

Mit einer Wahrscheinlichkeit von $\frac{9}{16}$,

also in mehr als der Hälfte der Fälle, verpassen sie sich.

Ein weiteres Beispiel:

Unter dem Wandputz liegt ein rechteckiges Drahtgeflecht aus zwei Millimeter starkem Draht. Von Drahtmitte zu Drahtmitte misst das Rechteck 15 mal 20 Millimeter. In die Wand wird mit einem acht Millimeter starken Bohrer gebohrt.
Wie hoch ist die Wahrscheinlichkeit, dass der Bohrer nicht auf den Draht trifft und damit unbeschädigt bleibt?

Aus dem Verhältnis des Anteils des für das Ereignis günstigen Flächenstückes zum Inhalt der Gesamtfläche berechnet sich die geometrische Wahrscheinlichkeit.
Dies bedeutet, dass der Mittelpunkt des Bohrers sich in dem grün gezeichneten, 50 Quadratmillimeter großen Rechteck oder auf dessen Rand befinden muss.

(Zeichnung siehe Seite 227)

FRÜH AM MORGEN ... AM RASTHOF STEHEN ZUFÄLLIG ZWEI TRUCKER NEBENEINANDER. SIE WARTEN IN DEN LEEREN AUTOTRANSPORTERN AUF DIE NEUEN FAHRAUFTRÄGE FÜR DEN TAG. DIESE KOMMEN WIE ÜBLICH PER MAIL AUF DIE BORDCOMPUTER.

Eh Keule ..., eben kam meine Tour durch. Ich muss nach Rüsselsheim 12 Karren laden. Dann ab nach Dresden zehne abladen und danach zwei nach Berlin bringen.

Return, nach Dresden und dort zwölf Gebrauchte buckeln!

Schätzchen! Warum geht's nicht gleich nach Berlin? ... so sparst du 'ne Fahrstrecke. Oh shit, meine Tour is' noch schärfer! Ick soll in Ingolstadt 12 Schlitten laden, nach Berlin zehne abliefern und mit zweien nach Dresden.

Da zwei abladen, leer zurück nach Berlin und dort 12 Gebrauchte laden!

WRRING...

Mann oh mann ... Dat jeht heute mal wieder hin und her!

Ehh ..., ihr zwei Turteltäubchen. Ihr könntet doch mittags hier umladen. Klaro?!

*geometrische Definition der Wahrscheinlichkeit

GROSSES ERSTAUNEN ...

Wäre doch logo, meine zwei zu deinen zehn nach Dresden. Und deine zwei zu den zehn nach Berlin. **Na super!!!**

Also, zwischen 12:00 und 13:00 Uhr treffen wir uns hier wieder und warten **jeweils 15 Minuten** aufeinander!

... **na**, ob datt in der Zeit man klappt? Zufällige Staus, und und ...

STUNDEN SPÄTER ...

DIE FAHRER BELADEN IHRE TRANSPORTER IN INGOLSTADT UND RÜSSELSHEIM UND DÜSEN WIEDER RICHTUNG HERMSDORF.

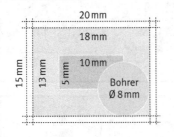

Alles paletti ... Eh, bin Punkt 12:00 am Treffpunkt.

GRRR ... Stau ohne Ende auf der A4. Bin erst kurz vor 13:00 da. ... **shit!!!**

WAHRSCHEINLICH WIRD SICH DAS PÄRCHEN WEGEN DER NUR 15 MINUTEN WARTEZEIT VERPASSEN.

ODER?

System-Skizze Blindbohren

20 mm

18 mm

10 mm

15 mm

13 mm

5 mm

Bohrer Ø 8 mm

$A_{gesamt} = 20 \cdot 15\,mm^2 = 300\,mm^2$

$A_{günstig} = 5 \cdot 10\,mm^2 = 50\,mm^2$

$p = \dfrac{50}{300} = \dfrac{1}{6} \approx 0{,}17$

(Text siehe Seite 226)

THEMATISCHE EINORDNUNG

Die klassische Definition der Wahrscheinlichkeit als Quotient aus der Zahl der für den Erfolg des Ereignisses günstigen Versuche oder Chancen und der Gesamtzahl der Versuche ergibt das Maß für das Eintreffen des Ereignisses. Für den Fall, dass sich die unendlich vielen Möglichkeiten geometrisch darstellen lassen (hier als Flächen), erfolgt die Berechnung der Wahrscheinlichkeit des Ereignisses E in der Form

$$p(E) = \frac{A_{günstig}}{A_{gesamt}}.$$

Dabei ist $A_{günstig}$ der Flächenanteil, der für das Ereignis günstig ist, und A_{gesamt} der Inhalt der Gesamtfläche.

Leicht zu überprüfen ist, dass die von **Andrei N. Kolmogorow** im Jahre 1933 aufgestellten drei Axiome erfüllt sind.

1. **Axiom:** Jedem zufälligen Ereignis wird eine reelle Zahl zwischen null und eins zugeordnet:
   $0 \le p(E) \le 1$

2. **Axiom:** Dem sicheren Ereignis Ω wird die Wahrscheinlichkeit eins zugeordnet:
   $p(\Omega) = 1$

3. **Axiom:** Sind die Ereignisse E_1 und E_2 miteinander unvereinbar ($E_1 \cap E_2 = \emptyset$), dann ist die Wahrscheinlichkeit der logischen Summe beider Ereignisse gleich der Summe der Wahrscheinlichkeiten dieser Ereignisse:
   $p(E_1 \cup E_2) = p(E_1) + (E_2)$.

KOMBINATIONEN BEIM GLÜCKSSPIEL

UND DIE MATHEMATIK IN DER GESCHICHT ...[*]

Wie jeder weiß, kommt es beim Telefonieren, bei den Zahlen eines Tresorschlosses, bei den Kreuzen im Fußballtoto oder auch einem Wahlzettel (erste und zweite Stimme) nicht nur auf die Zahlen oder Kreuze, sondern auch auf ihre Reihenfolge oder Stelle an.

Beim Zahlenlotto hingegen ist es unerheblich, in welcher Reihenfolge die sechs Zahlen angekreuzt und die sechs Zahlen oder Kugeln dem Gerät entnommen werden, bei Punkten ist es gleich, ob A mit B oder B mit A verbunden wird, aber auch die Reihenfolge, mit der Geldscheine aus der Kasse entnommen werden, ist ohne Belang, wenn der Gesamtbetrag stimmt. Dort, wo es nicht auf die Anordnung der Elemente in der Zusammenstellung ankommt, handelt es sich um eine **Kombination**.

Beispiel: Wie viele Möglichkeiten gibt es bei der Auswahlwette 6 aus 49 (Lotto)?
Die Anzahl ergibt sich aus der Berechnungsformel für Kombinationen von n Elementen, die zu Anordnungen mit genau k Elementen aus den n zusammengefasst werden.

$$C_n^{(k)} = \binom{n}{k} = \frac{n!}{k! \cdot (n-k)!}$$ *(Kombinationen wurden früher mit C geschrieben.)*

Wenn unter den k Elementen Wiederholungen auftreten können, dann handelt es sich um Kombinationen von k aus n Elementen mit Wiederholungen.

$$C_{n_W}^{(k)} = \binom{n+k-1}{k} = \frac{n(n+1)\cdot \ldots \cdot (n+k-1)}{k!}$$

1. Bei einem Wurf mit vier Würfeln ($n = 6$; $k = 4$) handelt es sich um Kombinationen (da Anordnung ohne Bedeutung) mit Wiederholung.

$$C_6^{(4)} = \frac{6 \cdot 7 \cdot 8 \cdot 9}{4!} = 126 \text{ Möglichkeiten.}$$

2. Beim Lotto handelt es sich um Kombinationen ohne Wiederholung, da bereits gezogene Zahlen nicht noch einmal auftreten können ($n = 49$; $k = 6$).

$$C_{49}^{(6)} = \binom{49}{6} = \frac{49!}{43! \cdot 6!} = \frac{44 \cdot 45 \cdot 46 \cdot 47 \cdot 48 \cdot 49}{1 \cdot 2 \cdot 3 \cdot 4 \cdot 5 \cdot 6} = 13.983.816$$

Für drei Richtige heißt das drei von sechs (ohne Bedeutung der Reihenfolge). Es bleiben $49 - 6 = 43$ Zahlen, von denen ebenfalls

Dreiergruppen gebildet werden können: $\binom{43}{3}$

Nach der Produktregel berechnet sich die Zahl der Möglichkeiten

$$\binom{6}{3} \cdot \binom{43}{3} = \frac{6! \cdot 43!}{3! \cdot 3! \cdot 40! \cdot 3!} = 246.820$$

Die Wahrscheinlichkeit für einen Dreier im Lotto ist also
$$\frac{246.820}{13.983.816} \approx 1,8\%$$

E IN BAUTRUPP SITZT BEIM FRÜHSTÜCK IM CONTAINER. MAN SINNIERT WIE IMMER ÜBER DAS LEBEN ... UND DIE SEHNSUCHT NACH EINEM SORGENFREIEN PENSIONÄRSDASEIN.

DA FÄLLT IHR BLICK AUF DIE ZEITUNG.

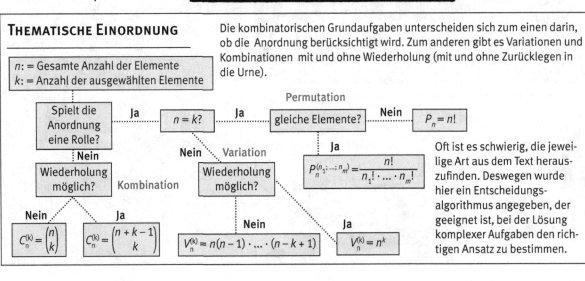

THEMATISCHE EINORDNUNG

Die kombinatorischen Grundaufgaben unterscheiden sich zum einen darin, ob die Anordnung berücksichtigt wird. Zum anderen gibt es Variationen und Kombinationen mit und ohne Wiederholung (mit und ohne Zurücklegen in die Urne).

n: = Gesamte Anzahl der Elemente
k: = Anzahl der ausgewählten Elemente

Permutation

Spielt die Anordnung eine Rolle? — **Ja** → $n = k$? — **Ja** → gleiche Elemente? — **Nein** → $P_n = n!$

gleiche Elemente? — **Ja** → $P_n^{(n_1; \ldots; n_m)} = \dfrac{n!}{n_1! \cdot \ldots \cdot n_m!}$

Spielt die Anordnung eine Rolle? — **Nein** → Wiederholung möglich? (**Kombination**)

$n = k$? — **Nein** → Wiederholung möglich? (**Variation**)

Kombination
- **Nein**: $C_n^{(k)} = \dbinom{n}{k}$
- **Ja**: $C_n^{(k)} = \dbinom{n+k-1}{k}$

Variation
- **Nein**: $V_n^{(k)} = n(n-1) \cdot \ldots \cdot (n-k+1)$
- **Ja**: $V_n^{(k)} = n^k$

Oft ist es schwierig, die jeweilige Art aus dem Text herauszufinden. Deswegen wurde hier ein Entscheidungsalgorithmus angegeben, der geeignet ist, bei der Lösung komplexer Aufgaben den richtigen Ansatz zu bestimmen.

BLUTGRUPPE UND TRANSFUSION

UND DIE MATHEMATIK IN DER GESCHICHT ...*

Wir betrachten ein Zufallsexperiment, das n-mal ausgeführt wird (dies ist eine Bernoulli-Kette, s. S. 231). Die Wahrscheinlichkeit für Erfolg bei einer Ausführung sei unabhängig von den anderen Ergebnissen immer gleich p. Um die Wahrscheinlichkeit zu bestimmen, beim n-maligen Ausführen mindestens einen Erfolg zu haben, betrachten wir das Gegenereignis, nämlich überhaupt keinen Erfolg zu haben. Die Wahrscheinlichkeit dafür ist das Produkt der Wahrscheinlichkeiten, bei jeder der n Ausführungen erfolglos zu sein:

$$p_{\text{überhaupt keinen Erfolg}} = (1-p)^n.$$

Die Wahrscheinlichkeit für mindestens einen Erfolg ist damit

$$p_{\text{mindestens einen Erfolg}} = 1 - p_{\text{überhaupt keinen Erfolg}} = 1 - (1-p)^n.$$

Beispiel: Die Blutgruppe AB wird dringend benötigt. In Mitteleuropa tritt sie durchschnittlich mit einer relativen Häufigkeit von 5 % auf. Wie groß ist die Wahrscheinlichkeit, unter 25 Blutspendern, die sich zufällig melden, mindestens einen zu finden, der die Blutgruppe AB hat?

$p = 0,05$ für Blutgruppe AB.
$n = 25$
$p_M = 1 - (1 - 0,05)^{25} = 1 - 0,95^{25} \approx 0,72261$

Mit einer Wahrscheinlichkeit von etwa 72,3 % befindet sich unter 25 Mitteleuropäern mindestens eine Person mit der Blutgruppe AB.

Wie viele Blutspender müssen bereit sein, um mit einer Wahrscheinlichkeit, die 0,8 nicht unterschreitet (80 %), mindestens einen Spender der Blutgruppe zu finden?

$$1 - (1 - 0,05)^n \geq 0,8$$
$$-(1 - 0,05)^n \geq -0,2$$
$$(1 - 0,05)^n \leq 0,2$$
$$0,95^n \leq 0,2$$
$$n \cdot \lg(0,95) \leq \lg(0,2); \text{ da } \lg(0,95) < 0 \text{ folgt}$$
$$n \geq \frac{\lg(0,2)}{\lg(0,95)} \approx 31,38$$

Es müssen mindestens 32 Personen untersucht werden, um in Mitteleuropa mit einer Sicherheit von 80 % einen Spender mit der Blutgruppe AB zu finden.

THEMATISCHE EINORDNUNG

Ein Zufallsexperiment, bei dem die Zufallsvariable nur zwei Werte (0 oder 1) annimmt, wird **Bernoulli-Experiment** genannt. Wenn dieses Experiment aus n voneinander unabhängigen Durchführungen besteht, so entsteht eine **Bernoulli-Kette mit der Länge n**.

Die einzelnen Erfolge haben dabei jeweils die Wahrscheinlichkeit p. Die Zufallsvariable X gibt die Anzahl der Erfolge in einer Bernoulli-Kette der Länge n an. Die Anzahl der Erfolge k in einer Bernoulli-Kette ist eine Binomialverteilung mit den Parametern n und p. Die Binomialverteilung ist eine diskrete Verteilungsfunktion:

$$B_{n;p}(k) = P(X = k) = \binom{n}{k} p^k (1-p)^{n-k}$$

$$k = 0;1;2;...;n$$

Diese Formel erhält man aus der Wahrscheinlichkeit für k Erfolge und $(n-k)$ Misserfolge nach der Produktformel und unter Berücksichtigung, dass es $\binom{n}{k}$ Kombinationen für die Anordnung der k Erfolge gibt. Voraussetzungen für die Anwendung der Binomialverteilung sind:
- es sind Alternativentscheidungen mit der Wahrscheinlichkeit p und $(1-p)$ zu treffen,
- die Ereignisse sind voneinander unabhängig, was heißt, dass die Wahrscheinlichkeit für einen Erfolg im k-ten Schritt nicht davon abhängt, ob davor ein Erfolg eingetreten oder nicht eingetreten ist.

GAUSS UND DIE NAGELPROBE

UND DIE MATHEMATIK IN DER GESCHICHT ...*

Die stetige Dichtefunktion der Gauß'schen Verteilung lautet:

$$f(x) = \frac{1}{\sigma\sqrt{2\pi}}\, e^{-\frac{(x-\mu)^2}{2\sigma^2}}$$

Die Größen μ und σ^2 sind dabei konstante Zahlen mit folgender Bedeutung:

μ ist der Erwartungswert: $\mu = E(x) = \int_{-\infty}^{\infty} x f(x)\,dx$

σ^2 ist die Varianz: $\sigma^2 = V(x) = \int_{-\infty}^{\infty} (x-\mu)^2 f(x)\,dx$

Die Wahrscheinlichkeit, dass X zwischen x_1 und x_2 liegt, beträgt:

$P(x_1 \le X \le x_2) = \int_{x_1}^{x_2} f(x)\,dx = \Phi(\lambda_2) - \Phi(\lambda_1)$ mit $\lambda_{1,2} = \frac{x_{1,2} - \mu}{\sigma}$.

Die Werte der Verteilungsfunktion der Normalverteilung $\Phi(x)$ liegen tabelliert vor.

Beispiel:

Die Längen von Nägeln, die mithilfe eines Automaten hergestellt werden, bilden eine normalverteilte Zufallsgröße mit einem Erwartungswert $\mu = 220{,}0$ mm und dem Streuungsmaß (Standardabweichung) $\sigma = 1{,}2$ mm.

Mit welcher Wahrscheinlichkeit liegt die Länge der Nägel zwischen 219,2 mm und 221,2 mm?

$$P(x_1 \le X \le x_2) = \Phi(\lambda_2) - \Phi(\lambda_1) \quad \text{mit} \quad \lambda_1 = \frac{x_1 - \mu}{\sigma}$$
$$\lambda_2 = \frac{x_2 - \mu}{\sigma}$$

$$\lambda_1 = \frac{219{,}2 - 220{,}0}{1{,}2} = -\frac{2}{3} \approx -0{,}67$$

$$\lambda_2 = \frac{221{,}2 - 220{,}0}{1{,}2} = 1{,}00$$

$$\Phi(\lambda_2) - \Phi(\lambda_1) = \Phi(\lambda_2) - (1 - \Phi(-\lambda_1))$$
$$= \Phi(1{,}00) - 1 + \Phi(0{,}67)$$
$$= 0{,}8413 + 0{,}7486 - 1 = 0{,}5899$$

Mit einer Wahrscheinlichkeit von knapp 59 % sind die Nägel mindestens 219,2 mm und höchstens 221,2 mm lang.

DEUTSCHE ZOLLBEAMTE SOLLEN DEN SICH VERSTÄRKENDEN GELDFLUSS NACH DER SCHWEIZ VERHINDERN ...

Den Zufluss stärker kontrollieren ???

Häää ... wie denn ???

... IM UNTERSCHIED ZU DEN ZOLLBEAMTEN DER SCHWEIZ, DIE EIGENTLICH NICHTS DAGEGEN HABEN, DASS EURO IN DIE SCHWEIZ EINGEFÜHRT WERDEN.

... weil man zum Beispiel, für den € durch Währungsverlust immer weniger in der Schweiz bekommt ?!

*Normalverteilung

DEUTSCHE ZÖLLNER BEKOMMEN DIE SCHARFE ANWEISUNG ZUM SCHUTZ DES € NICHT MEHR „DISKRET" SONDERN „STETIG" ZU KONTROLLIEREN.

... sie sollen die Kontrollen nun stetig durchführen !

STETIG VERSTEHEN DIE DEUTSCHEN ZÖLLNER ABER UMGANGSSPRACHLICH ALS VERSTÄRKT.

IN IHREN TABELLEN SIND ABER NUR VERTRAUENSINTERVALLE FÜR n = 100 (ANZAHL DER KONTROLLIERTEN GRENZÜBERGÄNGER) VON DENEN ANGENOMMEN WIRD, DASS 10 % GEGEN DIE BESTIMMUNGEN DER GELDAUSFUHR VERSTOSSEN.

... verstärkte Kontrolle !

Bei den Tabellen hier handelt es sich um Binomialverteilungen oder Bernoulliverteilungen, benannt nach dem schweizer Mathematiker.

DOCH NACH **GAUSS** (DEUTSCHER MATHEMATIKER) KANN MAN FÜR GROSSE n DIE NORMALVERTEILUNG ANWENDEN, WENN DIE BEDINGUNG $\sqrt{n \cdot p \cdot (1-p)} > 3$ ERFÜLLT IST. BEI $n = 1000$ UND $p = 0,1$ IST DIE BEDINGUNG ERFÜLLT UND ES ERGIBT SICH EIN ERWARTUNGSWERT VON $n \cdot p = 100$ SCHMUGGLERN

UND EINE STANDARDABWEICHUNG VON $\sqrt{n \cdot p \cdot (1-p)} \approx 9,5$. DAS HEISST ALSO, WENN MAN UNTER 1000 GRENZGÄNGERN EINMAL **130** SCHMUGGLER ERWISCHT, DANN IST ES HÖCHSTWAHRSCHEINLICH (ABER NICHT SICHER !), DASS DER ANTEIL DER SCHMUGGLER ZUMINDEST AN DEM TAG HÖHER ALS $p = 0,1$ IST.

THEMATISCHE EINORDNUNG

Steckbrief der Gauß'schen oder Normalverteilung:

Charakteristik: Eine stetige Zufallsvariable kann Werte aus einem ganzen Intervall annehmen und nicht nur einzelne (diskrete) Werte. Beispielsweise können beim Werfen mit einem Würfel nur Werte aus der diskreten Menge {1;2;3;4;5;6} angenommen werden, während bei der Messung einer Länge oder eines Gewichts grundsätzlich „alle" positiven Werte möglich sind.

Problem: Bei vielen praktischen Aufgaben ist nicht die Frage für das Eintreffen von genau zwei Entscheidungsmöglichkeiten (Alternativmöglichkeiten von Ereignis und Gegenereignis) gestellt, sondern die Frage, wie weit die Abweichung eines Messwerts von einem Soll- oder Mittelwert toleriert werden kann, Toleranzen eingehalten werden usw.

Voraussetzung für die Anwendung: Die Normalverteilung kann grob gesprochen immer dann angewendet werden, wenn sich viele voneinander unabhängige Zufallseinflüsse addieren. Die Binomialverteilung kann durch die Normalverteilung gut angenähert werden, wenn $\sigma(x) = \sqrt{np(1-p)} > 3$ ist. Je deutlicher der Wert die Zahl Drei

überschreitet, umso besser ist die Approximation.

Es gilt für den Erwartungswert $\mu = n \cdot p$, und für die Standardabweichung $\sigma = \sqrt{n \cdot p \cdot (1-p)}$.

Kennzeichen/Parameter: Die Normalverteilung wird durch die Parameter Erwartungswert (μ) und Varianz (σ) bestimmt.

Vorteil: Die Anwendung auf stetige Zufallsgrößen ist möglich, da die für die Binomialverteilung wichtige Voraussetzung der Alternativentscheidungen entfällt. Es gibt gute Tabellen aus der die Funktionswerte und die Werte der Integralfunktion Φ (Summenverteilung) zu entnehmen sind.

BENZINPREISE IM ANSTIEG

UND DIE MATHEMATIK IN DER GESCHICHT ...*

Es wurden die monatlichen Ausgaben für Benzin von Januar bis Juli eines bestimmten Jahres registriert und die Veränderungen berechnet:

Monat	Kosten in EURO	Prozent Veränderung	Änderung absolut zum Vormonat in EURO
Januar	220		
Februar	240	+9,1%	+20
März	280	+16,7%	+40
April	210	−25,0%	−70
Mai	240	+14,3%	+30
Juni	300	+25,0%	+60
Juli	310	+3,3%	+10

Es fällt sofort ins Auge, dass unterschiedliche absolute Veränderungen (Euroangaben) nicht die gleiche relative Veränderung ergeben.

April: 25% → 70€ und
Juni: 25% → 60€.

So bedeutet eine Lohnerhöhung von 4% für ein geringes Einkommen (beispielsweise entsprechen 4% bei 700€ ganzen 28€ mehr) absolut gesehen viel weniger als bei einem Arbeitnehmer mit einem höheren Einkommen. So entsprechen 4% bei 5000€ bereits 200€ mehr. Die durchschnittlichen prozentualen Veränderungen der Ausgaben für Benzin, nach dem arithmetischen Mittel berechnet:

$$x = \frac{9,1\% + 16,7\% - 25\% + 14,3\% + 25,0\% + 3,8\%}{6} = 7,32\%$$

ergibt einen Wert, der keinen Sinn hat.

In dem Fall, dass zeitliche prozentuale Veränderungen durch einen Durchschnittswert gekennzeichnet werden müssen, wird das arithmetische Mittel durch das geometrische Mittel ersetzt.

Alle Rechenoperationen, die im arithmetischen Mittel eingesetzt sind, werden beim geometrischen Mittel um eine Stufe erhöht:

Aus Additionen werden Multiplikationen und aus der Division durch n wird die n-te Wurzel (hierbei ist zu beachten, dass an der Stelle des Prozentwerts p die relative Steigerung $1+p$ zu verwenden ist).

einfaches arithmetisches Mittel

$$\bar{x}_a = \frac{x_1 + x_2 + ... + x_n}{n}$$

einfaches geometrisches Mittel

$$\bar{x}_g = \sqrt[n]{x_1 \cdot x_2 \cdot ... \cdot x_n}$$

Die Veränderung in den Benzinausgaben

$$\bar{x}_g = \sqrt[7-1]{\frac{240}{220} \cdot \frac{280}{240} \cdot \frac{210}{280} \cdot \frac{240}{210} \cdot \frac{300}{240} \cdot \frac{310}{300}} = \sqrt[6]{\frac{310}{220}} \approx 1,0588$$

ergibt ein durchschnittliches monatliches Wachstumstempo von 5,9%.

Zu beachten ist hier, dass es sich bei der Aufgabenstellung zwar um sieben Monate, wohl aber um **sechs** Veränderungen handelt, deren Durchschnitt bestimmt werden soll.

Umgekehrt, wenn der Bruttolohn in sieben Jahren von 100% auf 138% angewachsen ist, hat es sieben Veränderungen gegeben ($x_0 = 100\%$ ist das Basisjahr!).

$$\bar{x}_g = \sqrt[7]{1,38} \approx 1,047,$$

was einer jährlichen durchschnittlichen Steigerung um 4,7% entspricht, die absolut gesehen im siebten Jahr mehr Euro ergibt als im ersten Jahr der Steigerung.

He duuu !!!

Naaa du ???

THEMATISCHE EINORDNUNG

Das geometrische ersetzt das arithmetische Mittel, wenn es um die Einschätzung der Lage von statistischen Größen geht, die als Produkt und nicht als Summe zu interpretieren sind, was zum Beispiel bei der Einschätzung von Größenverhältnissen oder Wachstumsraten – allgemein bei relativ gegebenen Zahlen der Fall ist.

Die Operationen bei der Bildung des arithmetischen Mittels werden beim geometrischen um eine Stelle erhöht.

(einfaches) arithmetisches Mittel:
Die **Summe** der Einzelwerte wird durch deren Anzahl n **geteilt**.

$$\bar{x}_a = \frac{x_1 + x_2 + \ldots + x_n}{n} \qquad \bar{x}_a = \frac{\sum\limits_{i=1}^{n} x_i}{n}$$

Beispiel:
arithmetisches Mittel aus 1;2;4

$$\bar{x}_a = \frac{1+2+4}{3} = \frac{7}{3} \approx 2{,}33$$

(einfaches) geometrisches Mittel:
Aus dem **Produkt** der Einzelwerte wird die **n-te Wurzel** gezogen.

$$\bar{x}_g = \sqrt[n]{x_1 \cdot x_2 \cdot \ldots \cdot x_n} \qquad \bar{x}_g = \sqrt[n]{\prod\limits_{i=1}^{n} x_i}$$

Beispiel:
geometrisches Mittel aus 1;2;4

$$\bar{x}_g = \sqrt[3]{1 \cdot 2 \cdot 4} = \sqrt[3]{8} = 2$$

Wenn mit dem Logarithmus einer Zahl gerechnet wird, werden alle Rechenoperationen (Rechnen mit dem Exponenten von Potenzen mit gleicher Basis) wieder um eine Stufe reduziert, sodass der Logarithmus des geometrischen Mittels sich als das arithmetische Mittel der Logarithmen aus den Einzelwerten berechnet.

DURCHSCHNITTSLEISTUNGEN VON KABELAUTOMATEN

UND DIE MATHEMATIK IN DER GESCHICHT ...*

Beispiel zur Berechnung einer durchschnittlichen Leistung mit dem harmonischen Mittel (h):

Zwei Kabelautomaten mit unterschiedlichen Leistungen stellen die gleiche Kabelsorte her. Der erste Automat hat eine Leistung von 30 Metern pro Stunde, der zweite von 50 Metern pro Stunde.
Wie hoch ist die durchschnittliche Produktionsleistung, wenn auf dem ersten Automaten 240 Meter und auf dem zweiten 1200 Meter produziert werden?

Es wird sich eine durchschnittliche Leistung zwischen 30 und 50 Metern pro Stunde ergeben, die sich jedoch wegen der produzierten Meterzahl (Häufigkeit) näher an die obere Grenze verschieben wird.

Die durchschnittliche Leistung der beiden Automaten ergibt sich aus der Gesamtproduktion (in Metern Kabel) durch die Gesamtzeit (in Stunden).

Länge der produzierten Kabel auf dem ersten (zweiten) Automaten in Metern: $h_1 = 240$ ($h_2 = 1200$),

Leistung des ersten (zweiten) Automaten in Metern/Stunde:
$$x_1 = 30 \ (x_2 = 50).$$

$$h = \frac{240 + 1200}{\frac{1}{30} \cdot 240 + \frac{1}{50} \cdot 1200} = \frac{1440}{8 + 24} = \frac{1440}{32} = 45$$

Als durchschnittliche Leistung ergibt sich für die zwei Automaten ein Wert von 45 Metern pro Stunde.
Zusatzaufgabe:

Wie hoch muss die durchschnittliche Kabelproduktion der zweiten Maschine sein, wenn der Gesamtdurchschnitt um drei Meter pro Stunde erhöht werden soll?

$$\frac{240 + 1200}{\frac{1}{30} \cdot 240 + \frac{1}{x} \cdot 1200} = 48$$

$$1440 = 48\left(8 + \frac{1200}{x}\right)$$

$$\frac{48 \cdot 1200}{x} = 1440 - 48 \cdot 8$$

$$1056x = 57600$$

$$x \approx 54{,}545$$

Es wären auf dem zweiten Automaten 54,545 Meter Kabel pro Stunde zu produzieren.

EINE HAUPTSTADT LEISTET SICH EIN NEUES BEZIRKSRATHAUS. ES FINDET EIN RICHTFEST STATT. ALLE SIND FROH UND STOLZ DEN NEUBAU BALD NUTZEN ZU DÜRFEN.

*harmonisches Mittel

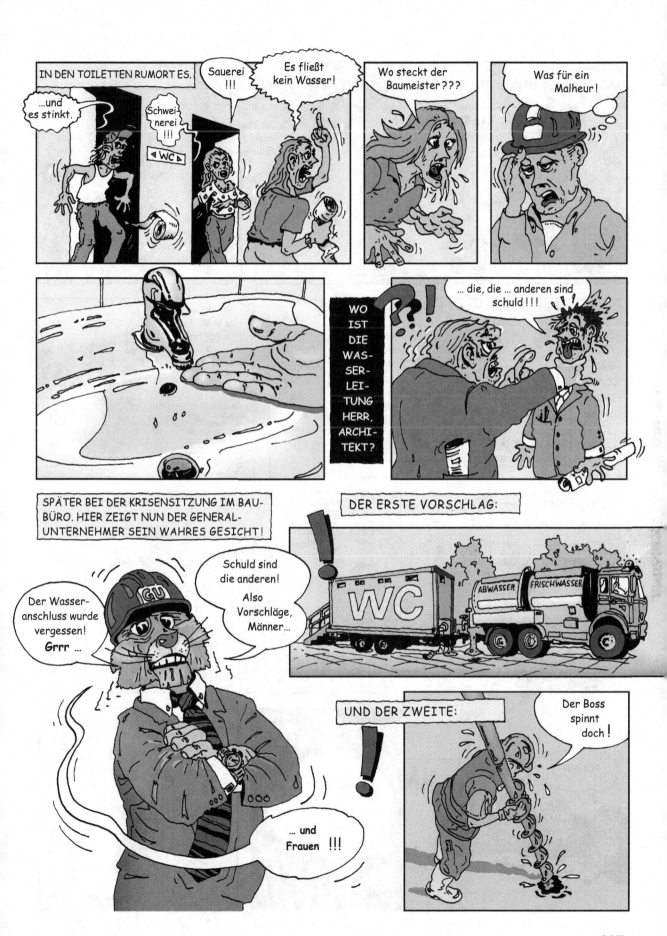

237

238

THEMATISCHE EINORDNUNG

Das harmonische Mittel wird dann verwendet, wenn die Messreihe aus Quotienten besteht (Geschwindigkeit ist Weg durch Zeit, Leistung ist Arbeit pro Zeit usw.).

Wenn man eine Stunde mit der Geschwindigkeit 50 km/h fährt und dann eine Stunde mit 100 km/h, fährt man in zwei Stunden 150 km, also im Schnitt 75 km/h.

Wenn man allerdings eine Strecke von 50 km mit einer Geschwindigkeit von 50 km/h fährt (also eine Stunde) und dann eine Strecke von 50 km mit 100 km/h (also nur eine halbe Stunde), fährt man in 1,5 Stunden eine Strecke von 100 km, also im Schnitt nur 100 km/1,5 h = 66,7 km/h.

Diese Mittelung beschreibt das harmonische Mittel:

Das harmonische Mittel ist der Kehrwert des arithmetischen Mittels der Kehrwerte der Einzelwerte.

Einfaches harmonisches Mittel aus den Messwerten $x_1; x_2; ...; x_n$:

$$h = \frac{n}{\dfrac{1}{x_1} + \dfrac{1}{x_2} + ... + \dfrac{1}{x_n}}$$

Gewichtetes harmonisches Mittel aus den Messwerten $x_1; x_2; ...; x_n$ mit den Häufigkeiten $h_1; h_2; ...; h_n$:

$$h = \frac{h_1 + h_2 + ... + h_n}{\dfrac{h_1}{x_1} + \dfrac{h_2}{x_2} + ... + \dfrac{h_n}{x_n}}$$

KANN MAN ÜBERALL IM FLUSS STEHEN ?

UND DIE MATHEMATIK IN DER GESCHICHT ...*

Es wurden 27 Schülerinnen und Schüler eines Mathematik-
kurses gemessen (Mittelwert $\bar{x} = 1{,}76$ m).

Nummer	Messwert in Meter x_i	Differenz $(x_i - \bar{x})$	$(x_i - \bar{x})^2 \cdot 10^4$
1.	1,67	−0,09	81
2.	1,60	−0,16	256
3.	1,97	+0,21	441
4.	1,78	+0,02	4
5.	1,68	−0,08	64
6.	1,73	−0,03	9
7.	1,60	−0,16	256
8.	1,65	−0,11	121
9.	1,70	−0,06	36
10.	1,60	−0,16	256
11.	1,90	+0,14	196
12.	1,72	−0,04	16
13.	1,73	−0,03	9
14.	1,82	+0,06	36
15.	1,94	+0,18	324
16.	1,77	+0,01	1
17.	1,70	−0,06	36
18.	1,85	+0,09	81
19.	1,92	+0,16	256
20.	1,68	−0,08	64
21.	1,74	−0,02	4
22.	1,83	+0,07	49

Nummer	Messwert in Meter	Differenz $(x_i - \bar{x})$	$(x_i - \bar{x})^2 \cdot 10^4$
23.	1,96	+0,20	400
24.	1,78	+0,02	4
25.	1,80	+0,04	16
26.	1,76	+0,00	0
27.	1,75	−0,01	1

Die Summe der Messwerte beträgt 47,63 m. Die Summe
der Abweichungen vom arithmetischen Mittel hat, abgesehen von Rundungsfehlern, den Wert null. Die Summe der
quadratischen Abweichungen beträgt
$3017 \cdot 10^{-4}\, m^2 = 0{,}3017\, m^2$.

Die Spannweite ergibt sich aus $x_{Max} = 1{,}97$ m und x_{Min}
$= 1{,}60$ m zu $d = 1{,}97\, m - 1{,}60\, m = 37$ cm.

Die Standardabweichung vom arithmetischen Mittel

$$\bar{x} = \frac{47{,}63\, m}{27} \approx 1{,}76\, m$$

ist

$$s = \sqrt{\frac{0{,}3017\, m^2}{27 - 1}} = \sqrt{\frac{0{,}3017\, m^2}{26}} \approx 0{,}1077\, m.$$

Sind die Messwerte normalverteilt (nach Gauß), dann
liegen im Bereich der einfachen Streubreite, also zwischen
1,65 m und 1,87 m, etwa zwei Drittel aller Messwerte.
Der Variabilitätskoeffizient mit einem Wert von 18 %
bezieht die Standardabweichung auf das arithmetische
Mittel:

$$v = \frac{0{,}1017\, m}{1{,}76\, m} \cdot 100\,\% \approx 6{,}2\,\%$$

IN EINEM WIRTSHAUS IM SPESSART ZECHT EIN VERMESSUNGS-
TRUPP. DURCH KURFÜRSTLICHEN AUFTRAG WURDEN DIE WAS-
SERTIEFEN DES 353,58 MEILEN LANGEN FLUSSES MAIN VON
DEN QUELLEN BIS ZUM ZUSAMMENFLUSS AM RHEIN KARTIERT.

!!!

... nach Mainz.

40 Tage Arbeit!

ja, ja ...

Die Kopie der Karte geht an die Gutenberg-Uni.

Schluss mit Fuß, Elle und Klafter!

Eine Meile sind 1,482 Kilometer!

*

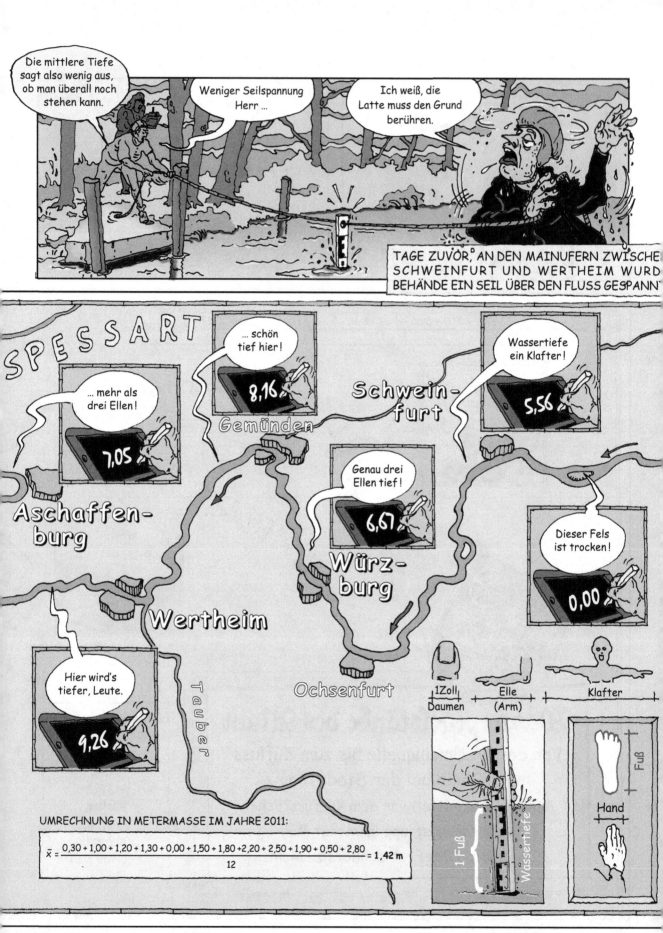

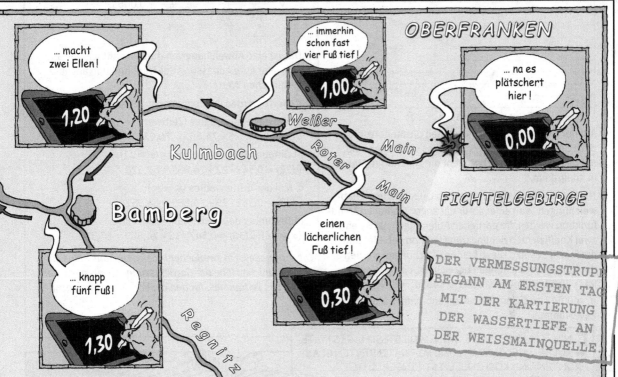

Thematische Einordnung

Es werden hier zwei Maße für die Streuung, nämlich die Spannweite und die Standardabweichung, verwendet.

1. Die Spannweite gibt die Differenz zwischen dem größten und dem kleinsten Wert der Messreihe an. Ein unbestrittener Vorteil bei der Verwendung dieses Streuungsmaßes ist die einfache Berechnung durch die Subtraktion des kleinsten vom größten Messwert,

$$d = x_{Max} - x_{Min}.$$

Ein Nachteil der Spannweite ist, dass nur zwei der n Messwerte in die Berechnungsformel eingehen. Insbesondere können extreme Abweichungen (auch wenn es nur Ausreißer sind) die Spannweite ohne Aussagekraft werden lassen.

2. Die mittlere quadratische Abweichung wird auch als Standardabweichung bezeichnet. Sie nutzt die quadratische Minimumeigenschaft des arithmetischen Mittels aus – die Summe der Abweichungen zum Quadrat vom arithmetischen Mittel

ist minimal (minimales Quadratsummenprinzip – Methode der kleinsten Quadratsumme nach Carl Friedrich Gauß (1777 – 1855)).

$$s = \sqrt{\frac{(x_1 - \bar{x})^2 + (x_2 - \bar{x})^2 + \ldots + (x_n - \bar{x})^2}{n - 1}}$$

Die auf den jeweiligen Mittelwert der Messreihe bezogene Standardabweichung in Prozent ist der Variabilitätskoeffizient, der eine Einschätzung zulässt, wie gut die Messreihe durch den Mittelwert repräsentiert wird.

TREND BEI DER GEWICHTSVERÄNDERUNG

UND DIE MATHEMATIK IN DER GESCHICHT ...*

An folgenden Tagen stellt sich Herr Dick auf die Waage und bestimmt seine Körpermasse oder sein Körpergewicht:

1. Jahr: 01/01:75,6 kg 03/01:76,2 kg 07/01:76,2 kg
08/01:77,5 kg 10/01:78,5 kg
2. Jahr: 01/02:79,9 kg 04/02:80,2 kg 09/02:82,3 kg
12/02:83,2 kg

1. Das Diagramm stellt die empirischen Werte anschaulich dar.

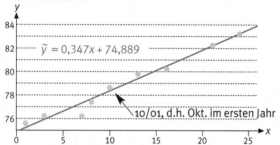

$\tilde{y} = 0,347x + 74,889$

10/01, d.h. Okt. im ersten Jahr

Auf der waagerechten Achse stehen die Monate, die nach dem 1. Monat des ersten Jahres vergangen sind, auf der senkrechten Achse steht die zugehörige Masse in Kilogramm.

2. Nach dem Prinzip der „minimalen Quadratsummenabweichungen" von einer als linear angenommenen Trendfunktion werden die partiellen Ableitungen nach den zwei Koeffizienten der linearen Funktion gebildet und diese null gesetzt. Diese beiden Gleichungen werden als die Normalengleichungen bezeichnet, die hier lauten:
$9a_0 + 103a_1 = 709,7$ $103a_0 + 1665a_1 = 8290,6$
$a_1 \approx 0,347$ ist die pro Monat zugenommene Masse von 347 Gramm.

$a_0 \approx 74,889$ ist die Anfangsmasse im Januar des ersten Jahres in Kilogramm $\tilde{y}(x) = 0,347x + 74,889$

3. Die Gleichung der linearen Trendfunktion wird in das Diagramm der empirischen Werte eingezeichnet (siehe Abbildung).

4. Die Streuung oder Anpassung der empirischen Werte (Zeitwerte) an die Trendfunktion:

$$s = \sqrt{\frac{\sum_{i=1}^{n}\left(\tilde{y}(x_i) - y_i\right)^2}{n-2}} = \sqrt{\frac{1,8645}{9-2}} \approx 0,516$$

$$v = \frac{s}{\frac{\sum_{i=1}^{n} s_i}{n}} = \frac{s \cdot n}{\sum_{i=1}^{9} s_i} = \frac{0,516 \cdot 9}{709,7} = 0,0065$$

Das ist eine Abweichung von durchschnittlich 0,7 % – eine sehr gute Anpassung der Trendfunktion an die empirischen Werte.

5. $\tilde{y}$-Werte werden in Kilogramm angegeben.

a) Mai des ersten Jahres (Zeitwert $x_i = 5$):
$\tilde{y}(5) = 0,347 \cdot 5 + 74,889 = 76,624$

b) Oktober des zweiten Jahres ($x_i = 22$):
$\tilde{y}(22) = 0,347 \cdot 22 + 74,889 = 82,523$

c) Mai des dritten Jahres ($x_i = 29$):
$\tilde{y}(29) = 0,347 \cdot 29 + 74,889 = 84,952$

d) Dezember des dritten Jahres ($x_i = 36$):
$(x_i = 36): \tilde{y}(36) = 0,347 \cdot 36 + 74,889 = 87,381$

Die Prognose ist in zweifacher Hinsicht riskant – hinsichtlich sowohl der Höhe der Gewichtszunahme als auch der Größe des Zeitraumes, für den die Vorhersage gemacht wird.

ENDLICH, DIE NEUE MINIMALISTISCH GESTYLTE KÜCHE, IN EDELSTAHL UND MIT SATINIERTEN GLASFRONTEN UND KOCHINSEL, IST EINGERICHTET.

Super, zur Feier des Tages gibt es Schnitzel!

Bin gleich so weit. Nur noch diese Decke in Weiß und Schluss!

Krass Papa ... ... ne Grillfläche und ne Friteuse.

AM ABEND GIBT ES DEN ERSTEN DEFTIGEN FESTSCHMAUS!

Papa, unser Geschenk für dich!

Tjaaa ... Schatz, jede moderne Küche hat zwei Waagen. Die eine ist Mahnmal !!!

Was soll der Wink mit dem Zaunpfahl. Ich werde doch nicht anfangen zu prassen und so ...

UND ZUR FREUDE ALLER, NACH DEN MÜHEN, DEM SCHWEISS, STELLT SICH DER HAUSHERR NUR „ZUM SPASS" AUF DIE NEUE WAAGE.

Hallo Leute! ... die zeigt auf das Komma genau **75,6 kg** Masse an. Schätze mein Idealgewicht bei 1,80 Meter Körpergröße.

Alles klarooo ?!

EIN VIERTELJAHR SPÄTER. AUS ANLASS SEINES 35. GEBURTSTAGES STEIGT DER HAUSHERR NOCH EIN-MAL AUF DIE WAAGE IN DER KÜCHE, UM SEINE KÖRPER-MASSE ZU ERMITTELN. DIE WAAGE ZEIGT **76,2 kg**. WAS ER AUF **76 kg** ABRUNDET UND DIE **75,6 kg** VOM JAH-RESANFANG AUF **76 kg** AUFRUNDET.

URLAUBSBEGINN! DIE WAAGE ZEIGT **76,2 kg** – ALSO, ALLES IM GRÜNEN BEREICH.

77,5 kg ... all inclusive natürlich!

NEE!

im AUGUST DES JAHRES

Hi... hiii !!!

DAS IST NUR DER URLAUBS-SPECK.

NUN LIEGT IHM DIE HAUSHERRIN, ABEND FÜR ABEND, MIT ERMAHNUNGEN IN DEN OHREN.

Mäßigung Schatz! Und Maß halten!

So, so ... Doch in der neuen Küche schmeckt's so gut!

Düdelü ... rede nicht, sondern steige bitte wieder auf die Waage!

GRRR ...

DOING!

78,5

HONK!

... und das, obwohl ich mich gar nicht der Völlerei hingegeben habe!

STOTTER

DIE WAAGE KANN NICHT STIMMEN.

UND AUSSERDEM GEHÖRT NUR EINE WAAGE ZUM MESSEN DER SPEISEMENGEN IN DIE NEUE KÜCHE! **ALSO** WIRD DIESE WAAGE BEDENKENKENLOS IN EIN SIDEBOARD VERBANNT.

MONATE VERGEHEN. DER FLUCH VON HI-TECH KÜCHEN. **ESSEN!**

Ihr spinnt wohl! Sooo werdet ihr doch immer fetter!

Pff...

Mama, wir wollen Pommes aus der Friteuse und ein paar ... XXL-Burger vom Grill!

BEDEPPERT STEHT MAN VOR DEM SPIEGEL UND WUNDERT SICH ...

... Neujahr und **79,9 kg!**

ÄH!

Thematische Einordnung

Durch den Trend wird die Grundrichtung einer empirisch ermittelten Zeitreihe bestimmt. Es werden gewissen Zeiträumen oder Zeitpunkten statistische Werte zugeordnet.

Verläuft der Trend nicht konstant und werden zeitliche Einflüsse ausgeschaltet (Saisoneinflüsse), so gibt es zwei Grundrichtungen des Verlaufes mit jeweils drei Untergruppen.

steigender (wachsender) Trend

progressiv wachsend

Der Zuwachs ist in gleichen Zeiträumen in der Entwicklung zunehmend.

linear wachsend

Der Zuwachs ist in gleichen Zeiträumen konstant.

degressiv wachsend

Im gleichen Zeitraum nimmt die Zunahme ab.

sinkender (fallender) Trend

progressiv fallend

Die Abnahme ist in gleichen Zeiträumen in der Entwicklung zunehmend.

linear fallend

Die Abnahme ist in gleichen Zeiträumen konstant.

degressiv fallend

Im gleichen Zeitraum wird die Abnahme geringer.

BEI EINER ALTERNATIVE GIBT ES NUR ZWEI MÖGLICHKEITEN

UND DIE MATHEMATIK IN DER GESCHICHT ...*

Eine Textilfabrik gibt die Liefergarantie:
In einer Lieferung von 10 000 Pullovern sind maximal zehn mit Farbfehlern enthalten.

Um zu überprüfen, ob diese Garantie stimmt, werden Tests durchgeführt. Als Nullhypothese (H_0) wird angenommen, dass die Angaben der Firma richtig sind.

Hypothese H_0: Es sind nicht mehr als 10 Pullover in der Lieferung mit dem Umfang von 10 000 Stück, die Farbfehler aufweisen.

Also relative Fehlerquote: $\frac{10}{10000} = 0,001$

Hypothese H_1: Das Gegenteil von H_0 ist richtig!
In der Sendung von 10 000 Pullovern befinden sich mehr als zehn mit Farbfehlern.

Bei dieser Fragestellung werden als Fehler ausschließlich Farbfehler untersucht (keine anderen Fehlerarten).

Durch H_0 werden Farbfehler erfasst – enthalten sind alle Lieferungen von 10 000 Pullovern mit 0; 1; 2; 3; 4; 5; 6; 7; 8; 9; 10 Pullovern, die Farbfehler aufweisen.

H_1, die Alternativhypothese, erfasst alle Sendungen mit einem Lieferumfang von 10 000 Pullovern, die 11; 12; 13; ... ; 9 998; 9 999; 10 000 Pullover mit Farbfehlern enthalten. Die hohe Fehlerzahl ist zwar unwahrscheinlich, aber nicht unmöglich.

Bei statistischen Untersuchungen ergeben sich Vermutungen, die als **Hypothesen** bezeichnet werden. Diese Hypothesen können **wahr** oder **falsch** sein.

Nach dem mathematischen Prinzip „vom ausgeschlossenen Dritten" gibt es keine andere Möglichkeit. Zu einer Hypothese gibt es folglich nur eine **Alternativhypothese** (Gegenhypothese).

Ein **Test** überprüft mit den Ergebnissen aus einer Stichprobe die über eine zugrunde gelegte Wahrscheinlichkeitsverteilung über eine zugrunde gelegte aufgestellte Hypothese, wobei ein **Sicherheitsniveau** oder eine **Irrtumswahrscheinlichkeit** vorgegeben ist.

Unter Berücksichtigung der Irrtumswahrscheinlichkeit wird die Hypothese angenommen oder abgelehnt (s. 25/5).

Bei Ablehnung der Hypothese wird die Alternativhypothese angenommen. In beiden Fällen (Annahme/Ablehnung der Hypothese) kann es bei statistischen Testverfahren zu Fehlern kommen (siehe Geschichte 25/2).

* Prinzip beim Alternativtest

Was ?!
Wegen dem einen wollen die Leute weg?

Geh nach Hause.

... bloß nicht krank machen und womöglich den Job gefährden.

Der will hierbleiben!

Und wenn von 40 Mitarbeitern und Mitarbeiterinnen einer krank ist, sollen die Übrigen bleiben. Und ...

der soll umgehend zum Arzt!

KURZE ZEIT SPÄTER IN EINER ARZT-PRAXIS.

Was haben wir denn?

Na ... Grippe!

... ist ja alles das Gleiche heute.

Das werden wir schon in den Griff bekommen.

Also! Penicillin, äh ... Antibiotika.

DER PATIENT SCHAUT FIEBERND ZUM ARZT, WÄHREND DER BEREITS DAS REZEPT SCHREIBT, UND SAGT:

Ich kann mir kaum vorstellen, dass die kleinen Viren so einfach zu greifen sind.

Ach ... was wissen Sie schon!

THEMATISCHE EINORDNUNG

Die Verfahren der beurteilenden Statistik beruhen auf dem **„Gesetz vom ausgeschlossenen Dritten"**.

Jede Hypothese H_0 hat nur eine Gegenhypothese H_1. H_0 oder die Nullhypothese wird so formuliert, dass es keinen Grund gibt, ein Verfahren zu ändern, einen Unterschied festzuschreiben und so weiter.

Die Gegenhypothese verneint dieses und behauptet, wie der Name bereits ausdrückt, das Gegenteil – ein Verfahren ist besser, eine Sendung hat mehr fehlerhafte Stücke als garantiert und so weiter.

Beispiel:

Hypothese (H_0): Mit der gleichen Wahrscheinlichkeit werden Jungen und Mädchen geboren.

$p(J) = 1 - q(M) = 0{,}5$, womit $q(M) = 0{,}5$ ist.

Alternativhypothese (H_1): $p(J) \neq 0{,}5$, d.h. es werden nicht gleich viele Jungen und Mädchen geboren.

Bemerkung:

$p(J) > 0{,}5$ ist nicht die Alternativhypothese, denn damit ist $p(J) < 0{,}5$ nicht erfasst.

FREISPRUCH MANGELS BEWEISEN ODER JUSTIZIRRTUM

UND DIE MATHEMATIK IN DER GESCHICHT ...*

Es gibt vier Möglichkeiten bei Entscheidungen über eine Gesamtmenge durch einen Alternativtest mit einer Stichprobe:

	Nullhypothese H_0 wird durch den Test mit der Stichprobe angenommen.	Nullhypothese H_0 wird durch Test mit der Stichprobe abgelehnt.
Nullhypothese H_0 ist richtig.	Entscheidung ist richtig. Alternativhypothese H_1 ist falsch.	Fehler 1. Art mit der Wahrscheinlichkeit α.
Nullhypothese H_0 ist falsch.	Fehler 2. Art mit der Wahrscheinlichkeit β Alternativhypothese H_1 ist richtig.	Entscheidung ist richtig.

Analog dazu gibt es beim Schwurgericht vier Entscheidungsmöglichkeiten.

	Freispruch durch das Schwurgericht.	Schuldspruch durch das Schwurgericht.
Angeklagter ist unschuldig.	Richtige Entscheidung.	Fehler 1. Art: Justizirrtum.
Angeklagter ist schuldig.	Fehler 2. Art: Freispruch eines Schuldigen.	Richtige Entscheidung.

Nullhypothese: Bei einem neu entwickelten Medikament gegen Bluthochdruck wird angenommen, dass es keine bessere Wirksamkeit zeigt als die Medikamente, die bereits vorhanden sind.

Fall A: In dem anschließenden Test ergeben sich keine Beweise auf eine bessere Wirksamkeit.

Möglichkeit A1: Es stimmt, was der Test gezeigt hat – das Medikament nicht auf den Markt zu bringen, ist eine **richtige** Entscheidung.

Möglichkeit A2: Die Testergebnisse sind falsch – das Medikament kommt deswegen nicht auf den Markt – die Nullhypothese ist falsch, das Medikament wird trotz besserer Wirksamkeit nicht eingesetzt – **der Fehler 2. Art** bedeutet, dass der Produzent dadurch Einnahmeverluste hat.

Fall B. In dem anschließenden Test ergeben sich Beweise auf eine bessere Wirksamkeit des neuen Medikaments.

Möglichkeit B1: Es stimmt, was der Test gezeigt hat – das Medikament wird eingesetzt – eine **richtige** Entscheidung.

Möglichkeit B2: Die Testergebnisse sind unrichtig, das Medikament ist nicht besser – es wird dennoch eingesetzt und damit ein **Fehler 1. Art** verursacht (und Patienten möglicherweise geschädigt).

DER RICHTER HAT DIE FADENSCHEINIGEN AUS-SAGEN DER ZEUGEN NUN ENDLICH SATT. ZUMAL SICH JEDER JA AUF SEI-NEN VORFAHREN BERUFT. UND SO SCHLIESST ER DIE ZEUGENVERNEH-MUNG AB, WAS DEN ONKEL FRITZ UND ANDERE ANWESENDE ÄRGERT!

Ihre Indizien sind leider nur ein paar historische Bilder, verehrter Herr Kollege.

Wei-ter!

Stopp!

... aber, aber, die Wahrheit?!

Oh Gott, das ist das Ende meiner Karriere !!!

DA MELDET SICH DER MÜLLER SCHULDIG, DA ER DIE BEIDEN VERMAHLEN HAT.

Max und Moritz werden wegen nicht bewiesener Schuld postum freigesprochen!

Als Staatsanwalt beantrage ich die Verhaftung !!!

DAMIT KANN DER RICHTER KEINEN FEHLER DER 1. ART BEGEHEN UND ZWEI UNSCHULDIGE BESTRAFEN.

ABER HAT DER RICHTER MIT DEM FREISPRUCH EINEN FEHLER DER 2. ART BEGANGEN ???

THEMATISCHE EINORDNUNG

In einem Schwurgerichtsverfahren wird durch Urteilsspruch alternativ entschieden

Schuldig ODER Unschuldig.

Es handelt sich dabei um ein aus-schließendes **oder** (entweder oder) im Unterschied zum **oder,** welches den Fall einschließt, dass beide Möglichkeiten zutreffen können.

Diese **Alternative** besteht unbeschadet der Tatsache, dass die Entscheidung für eine dieser Möglichkeiten aufgrund der erwiesenen Tatsachen und Indi-zien nicht in jedem Falle richtig sein muss (beispielsweise ist ein Justizirr-tum nicht in jedem Fall auszuschlie-ßen). Nach deutschem Recht wird zunächst davon ausgegangen (Nullhy-pothese), dass der Beschuldigte (Angeklagte) unschuldig ist, bis ihm seine Schuld hinreichend oder ausrei-chend nachgewiesen worden ist.

Bei der Überprüfung der Wirksamkeit eines neuen Medikamentes im Ver-gleich zu dem bislang eingesetzten wird zunächst davon ausgegangen, dass kein Unterschied besteht.

Fehler erster Art: Das Medikament wird eingesetzt, obwohl es nicht wirk-samer als das alte ist.

Fehler zweiter Art: Das Medikament wird nicht eingesetzt, obwohl es wirk-samer als das alte ist.

ENTSCHEIDUNGSREGEL FÜR MAUERZIEGEL

UND DIE MATHEMATIK IN DER GESCHICHT …*

Durch einen Rohstofffehler haben Mauerziegel nicht die geforderte Festigkeit. In Paletten zu 100 Stück verlassen die Produkte die Ziegelei. Ein Teil der Paletten enthält nur bis zu 10% fehlerhafte Ziegel und wird zum vollen Preis verkauft. Die restlichen Paletten enthalten fehlerhafte Ziegelsteine mit einem Anteil von 40%, die zum halben Preis verkauft werden sollen.

Da die Paletten vom äußeren Ansehen nicht in eine der beiden Preisgruppen eingeordnet werden können, muss jeder Palette eine Probe von fünf Ziegeln entnommen und geprüft werden. Ist höchstens ein Ziegelstein von der minderen Qualität, so soll die Sendung zum vollen Preis verkauft werden.

Berechnung der Risiken für Hersteller und Kunden.

Wenn nicht mehr als ein Ziegelstein die mindere Qualität hat, dann wird die Sendung zum vollen Preis verkauft. Wenn also 2, 3, 4 oder gar 5 fehlerhafte Ziegel in der Stichprobe enthalten sind, muss die Palette zum halben Preis verkauft werden. Die Wahrscheinlichkeit, dass eine gute Palette zum halben Preis verkauft wird, berechnet sich also aus der Biominalverteilung mit den Parametern:

$$n = 5 \quad p = 0{,}1 \quad i = 2; 3; 4; 5 \quad q = 1 - p = 0{,}9$$

$$\alpha = \sum_{i=2}^{5} B(5;0{,}1;i) = 1 - \sum_{i=0}^{1} B(5;0{,}1;i)$$

$$= 1 - \left[\binom{5}{0} 0{,}1^0 \cdot 0{,}9^5 + \binom{5}{1} 0{,}1^1 \cdot 0{,}9^4 \right]$$

$$= 1 - (0{,}59049 + 0{,}32805)$$

$$= 1 - 0{,}91854 = 0{,}08146$$

Mit der Wahrscheinlichkeit von etwa 8,1% werden nicht gute Paletten statt zum vollen zum halben Preis verkauft – es tritt ein Verlust für den Hersteller ein.

Die Wahrscheinlichkeit, dass eine schlechte Palette zum vollen Preis verkauft wird, berechnet sich aus der Binomialverteilung mit den Parametern:

$$n = 5 \quad p = 0{,}4 \quad i = 0;1 \quad q = 1 - p = 0{,}6$$

$$\beta = \sum_{i=0}^{1} B(5;0{,}4;i) = \binom{5}{0} 0{,}4^0 \cdot 0{,}6^5 + \binom{5}{1} 0{,}4^1 \cdot 0{,}6^4$$

$$= 0{,}07776 + 0{,}25920 = 0{,}33696$$

Mit einer Wahrscheinlichkeit von etwa 33,7% werden Paletten anstatt zum halben zum vollen Preis verkauft – Verlust für den Kunden.

Verringerung des Risikos für Kunden.

Das Risiko für den Käufer (Abnehmer der Palette), eine solche mit 40 % Fehlerware zum vollen Preis zu kaufen, soll nun von 33,696 % (β) auf 10 % abgesenkt werden. Das kann nur erfolgen, wenn auch die Möglichkeit ausgeschlossen wird, dass ein fehlerhafter Ziegelstein noch in der Probe akzeptiert wird, um die Palette zum vollen Preis zu verkaufen.

$$\beta = \sum_{i=0}^{0} B(5;0{,}4;0) = \binom{5}{0} 0{,}4^0 \cdot 0{,}6^5 = 0{,}07776 < 10\%$$

Wenn also alle Ziegelsteine in der Stichprobe von fünf zufällig ausgewählten in Ordnung sind, dann beträgt das Risiko des Abnehmers, schlechte Ware zum vollen Preis zu kaufen, 7,8% und ist damit kleiner als 10%.

Die zum Vorteil des Kunden geänderte Entscheidungsregel wirkt sich auf das Risiko des Herstellers folgendermaßen aus:

$$n = 5 \quad p = 0{,}1 \quad i = 1; 2; 3; 4; 5 \text{ (gute Ziegel)} \quad q = 1 - p = 0{,}9$$

$$\alpha = \sum_{i=1}^{5} B(5;0{,}1;i) = 1 - \sum_{i=0}^{0} B(5;0{,}1;i)$$

$$= 1 - \binom{5}{0} 0{,}1^0 \cdot 0{,}9^5 = 1 - 0{,}59049 = 0{,}40951$$

Das Risiko für den Hersteller, gute Paletten zum halben Preis zu verkaufen, hat sich durch die geänderte (verschärfte) Entscheidungsregel von 8,1 % auf knapp 41 % erhöht (fast verfünffacht!).

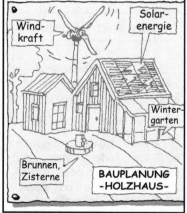

Thematische Einordnung

Bei einem Signifikanztest wird für die Wahrscheinlichkeit, dass ein Fehler 1. Art begangen wird, eine Irrtumswahrscheinlichkeit α vorgegeben. Man nennt α auch das Risiko **1. Art**.

Das Risiko **2. Art** wird mit β bezeichnet. Dieses Risiko 2. Art kann nicht aus Kenntnis des vorgegebenen Wertes für α bestimmt werden.

Bestenfalls kann β für spezielle Werte der Gegenhypothese berechnet werden.

In Kurzfassung für die Wahrscheinlichkeiten beim Alternativtest in dem zuvor angegebenen Beispiel: Paletten mit 10 % fehlerhaften Ziegeln werden zum vollen Preis und solche mit 40 % fehlerhaften Ziegeln werden zum halben Preis verkauft. Von den 100 Ziegeln werden fünf entnommen und geprüft. Damit können 0, 1, 2, 3, 4, oder 5 der entnommenen Ziegel von

unzureichender Druckfestigkeit (Brenn- oder Materialfehler) sein.

Risiko 1. Art: Gute Paletten werden statt zum vollen zum halben Preis verkauft (es ist das Risiko des Händlers, denn er erleidet hierbei einen Verlust).

Risiko 2. Art: Schlechte Paletten werden statt zum halben zum vollen Preis verkauft (es ist das Risiko des Kunden, denn er erleidet hierbei einen Verlust).

DIE POPULARITÄT VON POLITIKERN IST ZWEISEITIG

UND DIE MATHEMATIK IN DER GESCHICHT ...*

Ein Politiker erhält durch 60 % der Stimmen seines Wahlkreises ein Direktmandat. Nach Ablauf der Wahlperiode stellt er sich zur Wiederwahl. Es werden 100 Wähler befragt (zufällige Auswahl – etwa nach dem Telefonbuch), die sich zu 48 % wieder für den Politiker entscheiden würden.

Kann mit 95 % Sicherheit (das bedeutet eine Irrtumswahrscheinlichkeit von 5 %) angenommen werden, dass sich der Stimmenanteil für den Politiker seit der letzten Wahl verändert hat?

Die Lösung nach der Schrittfolge, die in der thematischen Einordnung angegeben ist:

a) H_0: Der Stimmenanteil für den Politiker beträgt unverändert 60 %. ($p_0 = 60\% = 0{,}6$)
   H_1: Der Stimmenanteil hat sich verändert. $p_1 \neq 0{,}6$

b) Zahl der Befragten – Stichprobenumfang: $n = 100$
   Vorgegebene Irrtumswahrscheinlichkeit: $\alpha = 5\% = 0{,}05$

c) X: Zahl der Personen in der Stichprobe vom Umfang 100, welche sich für eine Wiederwahl des Politikers aussprechen. X ist binomialverteilt mit $p = 0{,}6$ (falls die Nullhypothese richtig ist).

d) Die linke Grenze – nicht weniger als b_l Wähler müssen für den Politiker stimmen.
   $5\% : 2 = 2{,}5\% = 0{,}025$
   $p(X \leq b_l) \leq 0{,}025$

Aus der Tabelle der Binomialverteilung kann entnommen werden ($n = 100$, $p = 0{,}6$):

Für $X = 49$: $p(X \leq 49) = \sum_{i=0}^{49} B(100;0{,}6;i) = 1 - 0{,}9832$

$= 0{,}0168 < 0{,}0255$

Zum Beispiel: Für $X = 50$ ist $p(X \leq 50) = \sum_{i=0}^{50} B(100;0{,}6;i)$

$= 1 - 0{,}9729 = 0{,}0271$; es wird die Grenze bereits überschritten (Annahmebereich).

Folglich ist 49 die größte Zahl des Ablehnungsbereiches (b_l).

$p(x \geq b_r) \leq 0{,}025$

Für $X = 70$ ist: $p(x \leq b_r - 1) \geq 0{,}975$
Tabelle der Binomialverteilung:

$$\sum_{i=0}^{69} B(100;0{,}6;i) = 1 - 0{,}0248 = 0{,}9752$$

Mit $b_r = 70$ wird der Annahmebereich verlassen.

e) Damit ist die **Entscheidungsregel:** Für $49 < X < 70$ wird keine Änderung des Wahlverhaltens angenommen.

Für $X \in \{0;1; ...;47;48;49\} \cup \{70;71; ...;100\}$

ist mit einer Irrtumswahrscheinlichkeit von 5 % ein geändertes Stimmverhalten für oder gegen den Politiker anzunehmen.

Der Stimmanteil hat sich geändert, denn nur 48 Zustimmungen fallen in den Ablehnungsbereich der Nullhypothese.

N EINER WAHL-ZENTRALE SIND DIE WAHLERGEBNISSE ZUM ABGEORDNETENHAUS BEKANNT GEGEBEN WORDEN. DIE PARTEI DER KUGELKÖPFE HAT EINEN DIREKTKANDIDATEN DURCHBEKOMMEN, DIE ABSOLUTE MEHRHEIT ABER VERFEHLT.

*zweiseitiger Signifikanztest

259

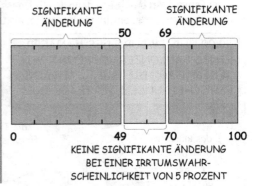

THEMATISCHE EINORDNUNG

Bei einem Signifikanztest kann in Abhängigkeit vom speziellen Testfall eine Abweichung von der vorgesehenen Wahrscheinlichkeit P_0 in beiden Richtungen erfolgen. Abweichungen vom Erwartungswert nach rechts oder links haben bei einer Binomialverteilung die gleiche Wahrscheinlichkeit.

Wird ein zweiseitiger Signifikanztest durchgeführt, so ist die vorgegebene Irrtumswahrscheinlichkeit zu halbieren, um auf beiden Seiten des Erwartungswertes einen Ablehnungsbereich mit der selben Irrtumswahrscheinlichkeit festlegen zu können.

Schritte bei der Durchführung des zweiseitigen Signifikanztests:

a) Formulierung der Null- (H_0) und der Gegenhypothese (H_1).

b) Festlegung von Stichprobenumfang (n) und Irrtumswahrscheinlichkeit (α).

c) Festlegung der Größe, die Zufallsvariable ist.

d) Festlegung des Ablehnungsbereichs. Dabei ist b_{links} (b_l) die größte und b_{rechts} (b_r) die kleinste natürliche Zahl des Ablehnungsbereiches sodass gilt:

$$p(X \leq b_l) = \sum_{i=0}^{b_l} B(n:p_0;i) \leq \frac{\alpha}{2} \qquad \text{und} \qquad p(X \geq b_r) = \sum_{i=b_r}^{n} B(n:p_0;i) \leq \frac{\alpha}{2}$$

b_l **Annahmebereich** b_r

Ablehnungsbereich bei Unterschreitung   Ablehnungsbereich bei Überschreitung

e) Als Entscheidungsregel ergibt sich, dass die Nullhypothese genau dann beibehalten wird, wenn die gemessene Zufallsvariable im Bereich $[b_l;b_r]$ liegt.

TEST EINES NEUEN MEDIKAMENTS

UND DIE MATHEMATIK IN DER GESCHICHT ...*

Von einem neuen Medikament gegen Bluthochdruck behauptet das Pharmazieunternehmen, dass schädliche Nebenwirkungen den Anteil von 10 % der Anwendungsfälle nicht übersteigen. Das soll durch einen Stichprobentest anhand von 50 Patienten geprüft werden.

a) Wie ist die Nullhypothese aufzustellen, damit durch den Fehler **1. Art** der schlimmste Fall für den Patienten beschrieben wird?

b) Was bedeutet der Fehler **1. Art** und der Fehler **2. Art**?

c) Wie viele der 50 ausgewählten Patienten dürfen durch Einnahme des Medikamentes schädliche Nebenwirkungen haben, wenn das Risiko für einen Fehler **1. Art** 5 % nicht überschreiten soll?

Lösung:

a) Die Nullhypothese ist so zu wählen, dass die Ablehnung der richtigen Nullhypothese (Fehler **1. Art**) der schwerwiegendere Fehler ist. Daher ist die Nullhypothese gegeben durch H_0: $p \geq 10\%$ (bzw. schärfster Fall $p = 10\%$).

b) Der Fehler **1. Art** beschreibt dann den Fall, dass der Test ergibt, dass die Nebenwirkungen weniger als 10 % der Fälle betreffen, obwohl sie in Wirklichkeit mehr als 10 % betreffen (Risiko für Patienten).

Der Fehler **2. Art** beschreibt den Fall, dass der Test ergibt, dass die Nebenwirkungen mehr als 10 % der Fälle betreffen, obwohl sie in Wirklichkeit weniger als 10 % der Fälle betreffen.

c) Bei $p = 10\%$ und $n = 50$ muss gelten:

$$\sum_{i=0}^{b_r} B(50;0{,}1;i) \leq 0{,}05.$$

Es ist

$$\sum_{i=0}^{1} B(50;0{,}1;i) = 0{,}0338 \leq 0{,}05$$

$$\sum_{i=0}^{2} B(50;0{,}1;i) = 0{,}1117 \geq 0{,}05,$$

das heißt $b_r = 1$.

Also würden zwei von fünfzig Testpersonen mit schädlichen Nebenwirkungen bereits das Risiko 5 % für den Patienten überschreiten!

Als Entscheidungsregel ergibt sich, dass das Medikament den Test besteht, wenn keiner oder eine der Testpersonen schädliche Nebenwirkungen bekommt.

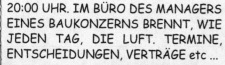

20:00 UHR. IM BÜRO DES MANAGERS EINES BAUKONZERNS BRENNT, WIE JEDEN TAG, DIE LUFT. TERMINE, ENTSCHEIDUNGEN, VERTRÄGE etc ...

... das klären wir später bei der Pressekonferenz!

... die Tiefbaufirma ist dafür verantwortlich!

Chef, ihr Termin, es eilt!

... das berichten Sie mir morgen!

... sofort den Vertrag vorlegen!

Chef, ich glaube, wir benötigen noch ein Handy mehr!

AUF DEM WEG ZUR KONFERENZ.

... mein Koffer!?

Boss, nu aber fix!

Warten Sie!

... erst einmal Ihre Pillen, NERVÖSTRAL und TRANSQUIZER ...

wo ist mein Redemanuskript ???

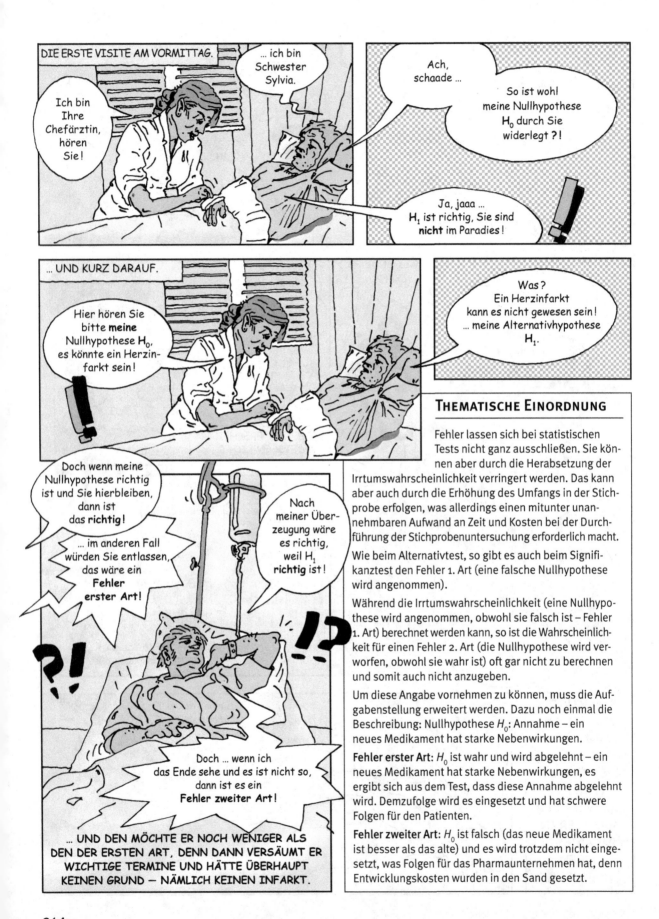

Thematische Einordnung

Fehler lassen sich bei statistischen Tests nicht ganz ausschließen. Sie können aber durch die Herabsetzung der Irrtumswahrscheinlichkeit verringert werden. Das kann aber auch durch die Erhöhung des Umfangs in der Stichprobe erfolgen, was allerdings einen mitunter unannehmbaren Aufwand an Zeit und Kosten bei der Durchführung der Stichprobenuntersuchung erforderlich macht.

Wie beim Alternativtest, so gibt es auch beim Signifikanztest den Fehler 1. Art (eine falsche Nullhypothese wird angenommen).

Während die Irrtumswahrscheinlichkeit (eine Nullhypothese wird angenommen, obwohl sie falsch ist – Fehler 1. Art) berechnet werden kann, so ist die Wahrscheinlichkeit für einen Fehler 2. Art (die Nullhypothese wird verworfen, obwohl sie wahr ist) oft gar nicht zu berechnen und somit auch nicht anzugeben.

Um diese Angabe vornehmen zu können, muss die Aufgabenstellung erweitert werden. Dazu noch einmal die Beschreibung: Nullhypothese H_0: Annahme – ein neues Medikament hat starke Nebenwirkungen.

Fehler erster Art: H_0 ist wahr und wird abgelehnt – ein neues Medikament hat starke Nebenwirkungen, es ergibt sich aus dem Test, dass diese Annahme abgelehnt wird. Demzufolge wird es eingesetzt und hat schwere Folgen für den Patienten.

Fehler zweiter Art: H_0 ist falsch (das neue Medikament ist besser als das alte) und es wird trotzdem nicht eingesetzt, was Folgen für das Pharmaunternehmen hat, denn Entwicklungskosten wurden in den Sand gesetzt.